配电网无人机技术

应用发展报告

EPTC无人机技术工作组 国网江苏省电力有限公司 组编

中国水利水电出版社
www.waterpub.com.cn
·北京·

内 容 提 要

本书详细阐述了无人机在配电网的应用现状与发展，介绍了配电网无人机巡检应用策略，结合实际应用案例，总结无人机在配电网中的作业应用场景、典型作业方式，提出了配电网无人机作业数据应用管理及作业安全保障体系，优化配电网无人机资产管理与检测维护方式，健全完善配电网无人机作业队伍建设模式，思考配电网无人机应用前景及创新方向，全面提升无人机在配电网业务各环节的应用水平。

本书为电力行业配电网无人机技术应用与发展材料，同时可作为配电网无人机巡检作业人员的辅助作业指导书，也可作为无人机在配电网业务应用模式的参考书，以及广大无人机爱好者、科研院所、院校相关专业师生阅读参考书。

图书在版编目（CIP）数据

配电网无人机技术应用发展报告 / EPTC无人机技术
工作组，国网江苏省电力有限公司组编. -- 北京 : 中国
水利水电出版社，2020.12
ISBN 978-7-5170-9291-9

Ⅰ. ①配… Ⅱ. ①E… ②国… Ⅲ. ①无人驾驶飞机－
应用－配电系统－巡回检测－研究报告－中国 Ⅳ.
①TM727

中国版本图书馆CIP数据核字(2020)第266477号

书　　名	配电网无人机技术应用发展报告 PEIDIANWANG WURENJI JISHU YINGYONG FAZHAN BAOGAO
作　　者	EPTC 无人机技术工作组　组编 国网江苏省电力有限公司
出版发行	中国水利水电出版社 （北京市海淀区玉渊潭南路 1 号 D 座　100038） 网址：www. waterpub. com. cn E - mail：sales@ waterpub. com. cn 电话：（010）68367658（营销中心）
经　　售	北京科水图书销售中心（零售） 电话：（010）88383994、63202643、68545874 全国各地新华书店和相关出版物销售网点
排　　版	中国水利水电出版社微机排版中心
印　　刷	天津嘉恒印务有限公司
规　　格	184mm×260mm　16 开本　6.75 印张　164 千字
版　　次	2020 年 12 月第 1 版　2020 年 12 月第 1 次印刷
印　　数	0001—2500 册
定　　价	**88.00 元**

本书编委会

主　　编：季昆玉　袁　栋

副 主 编：贾　俊　姚建光　程力涵　蔡焕青

编写人员：符　瑞　王　健　邵瑰玮　丁　建　张　峰
　　　　　刘　高　龚杭章　蔡澍雨　卓俊彦　黄　锐
　　　　　付　晶　汤晓丽　李世添　黄　健　吴　烜
　　　　　刘　壮　魏飞翔　郝　宁　周宇尧　高　翔
　　　　　谭毓卿　赵春梅　曹世鹏　苏　伟　沈　翔

组编单位：EPTC 无人机技术工作组
　　　　　国网江苏省电力有限公司

主编单位：中国电力科学研究院有限公司
　　　　　国网江苏省电力有限公司泰州供电分公司
　　　　　中能国研（北京）电力科学研究院

成员单位：国网浙江省电力有限公司检修分公司
　　　　　广东电网有限责任公司机巡管理中心
　　　　　国网福建省电力有限公司
　　　　　云南电网有限责任公司输电分公司
　　　　　国网福建省电力有限公司漳州供电公司
　　　　　国网浙江省电力有限公司苍南县供电公司
　　　　　国网青海省电力公司西宁供电公司
　　　　　国网湖北省电力有限公司技术培训中心
　　　　　国网山东省电力公司济宁供电公司
　　　　　国网冀北电力有限公司技能培训中心
　　　　　广东电网有限责任公司江门供电局

深圳市大疆创新科技有限公司

青海三新农电有限责任公司

众芯汉创（北京）科技有限公司

鸣谢单位：国网雄安新区供电公司

北京数字绿土科技有限公司

浙江华云清洁能源有限公司

广东电网有限责任公司肇庆封开供电局

天津市普迅电力信息技术有限公司

成都纵横大鹏无人机科技有限公司

前言

现如今，世界正处于科技快速发展的信息时代，利用无人机进行配电网巡检有助于提高巡检作业质量，获得更好的经济效益，解决了原有的人工运维检修方式面临的问题。无人机巡检作为一种智能、灵活、高效、安全的巡检方式，现已成为配电网运维的主要手段之一。随着无人机装备智能化和作业自主化水平的不断提升，无人机将在配电网中规模化推广应用，逐步实现替代人力，助推配电网业务转型升级。

本书主要围绕配电网运维需求，通过对无人机在配电网运维中的应用现状分析，详细阐述了配电网无人机业务运维策略、作业应用场景和作业方式及数据应用管理等，提出应用发展趋势及前景，皆为打造一体化的配电网无人机自主智能巡检应用体系，为无人机在配电网应用及发展提供参考，全面促进配电网无人机智能巡检推广及深化应用。

本书共分为九章，主要内容为配电网无人机巡检应用策略、作业应用场景与作业方式、应用数据管理、作业安全保障、资产管理与检测维护及作业队伍建设。本书紧密结合了配电网无人机巡检作业的实际应用情况，全面系统地论述了无人机在配电网应用中的业务场景、作业现场应用规范、作业数据应用管理及发展前景与展望等。

本书在编写的过程中，得到了国家电网有限公司、中国电力科学研究院有限公司、国网江苏省电力有限公司、广东电网有限责任公司机巡管理中心等单位领导和专家的大力支持。同时，也参考了一些业内专家和学者的著述，在此一并表示衷心的感谢。

由于当前科学技术发展日新月异，无人机行业发展快速增长，产品不断更新，应用不断扩展，加上编写时间紧，书中难免有疏漏和不足之处，诚挚欢迎业内同行和广大读者提出宝贵意见和建议。

编者

2020 年 11 月

目录

第一章

国内外无人机在电力行业应用现状

第一节 无人机技术现状

无人驾驶飞机简称"无人机",英文缩写"UAV",是利用无线电遥控设备和自备的程序控制装置操纵的,或者由车载计算机完全地或间歇地自主操作的不载人飞机。无人机通常分为固定翼无人机和多旋翼无人机。由于轻便性、可维护性、操控性等方面的优势,多旋翼无人机已成为各行业市场应用的主流。

无人机技术应包含以下四个部分:核心飞行模块设计、飞行辅助技术、负载技术及相关软件的技术开发。

核心飞行模块,内含机架、动力系统和飞控系统三大部分。这一模块的主要功能是使飞机能实现平稳飞行,并且满足飞机基本的可控性要求。动力及续航技术,无人机的动力技术发展以电动力技术为主流。市面上的无人机主要采用锂聚合物电池作为主要动力,续航能力一般在20~30min之间。为使无人机在行业领域快速发展,续航问题的解决是主要方向之一。

飞行辅助技术,包含无线通信技术、感知避障技术和导航技术。无人机的无线通信系统通常简称"图传",用于实现空中机体与地面控制站的数据通路。优秀的无线图像传输技术具备传输稳定、图像清晰流畅、抗干扰、抗遮挡、低延时等特性。目前顶尖的图传技术具备高清图传和双向智能感知容错等技术,能够快速调整码率和传输策略,节约带宽,提升图像质量,感知避障。这一技术通过传感器获取环境障碍物信息,并且把这些信息传递至导航系统,从而控制飞机进行绕行和停下等避障动作,这对于无人机在行业应用过程中的安全飞行保障十分重要。目前的行业无人机通常具备复合的避障感知系统,如"视觉"感知技术、红外感知技术、毫米波雷达技术和超声波感知技术等。导航技术,无人机系统的定位导航技术,普遍采用GNSS定位。但其精度通常为米级,在行业应用领域远远不够,例如在电力巡检领域往往需要更精准的定位技术以保障精细巡检。因此RTK差分辅助定位技术应运而生,能够实现厘米级精度定位。

负载技术,负载开发以机载相机为主。现阶段,为拓展无人机行业应用,负载也在向多功能方向发展,如热成像相机、多光谱相机和气体检测仪等。云台技术用于为负载增稳,使其在飞行过程中仍能进行高质量作业。现今云台增稳技术是机械增稳与电子增稳的结合。一方面是通过云台上的传感器,感知相机的抖动方向,然后通过电机倾侧相机来补偿相机的抖动角度,让相机在真正的平稳状态拍摄;另一方面通过电子防抖技术,在视频里排查不同帧格的画面，然后把对不齐的部分裁切，实现稳定的影像效果。

为支持机载设备的任务执行，无人机技术领域也包含地面任务支持设备和配套软件的开发。如协助差分辅助定位技术的移动基站的研制、无人机管理软件的开发等。

就技术层面而言，无人机技术在消费者市场已经趋于成熟，并在各行业领域快速拓展。无人机依托其空中视角、隐蔽性、精准定位能力、高清成像能力和混合感知能力在公安警用、应急消防、测绘、电力、油气能源、农业、矿业和防疫等领域应用广泛。作为新一维度的高科技作业工具，无人机极大地提升着各行业工作者在诸如刑侦调查、野外搜捕搜救、重大活动安保、城市森林消防、灾害应急与评估、建筑施工进度监管和电力设备巡检等场景的作业效率。

对电力行业而言，无人机在电力行业的应用已经处于快速发展期。高可靠飞行性能的行业无人机、高清成像混合感知负载及相关软件的端到端解决方案在电力领域得到了重要应用。依靠空中视角和热成像能力，无人机解决方案能替代传统人力危险的攀塔巡检等工作。一方面节约了人力，保障了一线电力运维人员安全；另一方面，无人机通过热成像等功能可查看绝缘子等线路结构件的异常发热现象，助力细致巡检，也提高了工效和巡检质量。无人机搭载高清负载，配合建模软件，也可以对输电通道及变电站进行点云建模，辅助测量和数据分析等。快速发展的无人机技术在线路验收、精细化巡视、导线巡检、边坡巡视、输电通道建模、变电站建模和施工进度监测等场景逐渐广泛应用，为电力行业的发展添砖加瓦，为主配电网的电力供应提供保障，提高运维巡检效率，确保安全输电。

总体来说，无人机技术的发展已经过一段时间的沉淀，走上了快速发展的主航道。在各行业领域，随着各产业环节的共同发展，将越来越多地观览到无人机的英姿。

第二节　无人机电网巡检技术发展现状

无人机在电力行业应用较为成熟，最早应用于架空输电线路巡检作业，近年来逐步推广应用于配电网和变电站（换流站）的巡检。无人机电力巡检是指采用无人机搭载可见光相机、红外（紫外）传感器和激光雷达等任务设备，对电网设备和设备运行环境进行巡视检查、检测和检修作业，如绝缘子破损、间隔棒滑移、销钉螺母缺失、金具或线夹发热等设备缺陷，输电通道内的违章建筑、违章树木、机械施工等安全隐患。与人工巡检和有人直升机巡检相比，无人机巡检作业具有机动灵活、操作简单、安全性高、成本低、环境要求低、便于携带和运输等优势。

国外从 20 世纪 50 年代初期开始探索利用有人直升机开展架空输电线路巡检等工作，无人机巡检技术研究与应用主要集中在发达国家。与国内应用早期主要集中在无人机平台开发相比，发达国家已经关注于后续的图像和数据处理方面的研究。1995 年，英国威尔士大学和英国电力行业贸易协会联合研制了专用于输电线路巡检的小型旋翼无人机，验证了其可行性。美国电科院采用成熟的无人机平台搭载摄像机进行了架空输电线路巡检图像识别研究，能够分辨大尺寸线路设备。西班牙德乌斯大学利用小孔成像原理，通过导线在像面上的尺寸检测无人机与线路间的距离，并应用立体视觉原理计算树线距离，检测树障情况。西班牙马德里理工大学的 Campoy、Mejias 等致力于将计算机视觉技术应用于无人机巡检导航的研究，即利用图像数据处理算法和跟踪技术，在 GPS 的辅助下实现无人机巡检导航。日本关西电力公司与千叶大学联合研制了一套输电线路无人直升机巡检系统，通过构建线路走廊三维图像来识别导线下方树木和构筑物。澳大利亚航空工业研究机构使用无人直升机搭载立体相机及激光扫描设备，获取输电线路周围环境的三维模型。

国内自 2009 年以来，国家电网有限公司（原国家电网公司）、中国南方电网有限责任公司和内蒙古电力（集团）有限责任公司等电力企业相继开展了架空输电线路无人机巡检的研究和应用，目前无人机巡检已成为架空输电线路常态化的运维手段。国家电网有限公司于 2013 年 3 月组织国网冀北、山东、江苏、浙江等 10 家试点单位，中国电科院作为主要技术支撑单位，开展了为期两年的"输电线路直升机、无人机和人工协同巡检"试点工作，提出输电线路协同巡检的新模式；2015 年，在公司系统各单位开展无人机巡检推广应用；2019 年，印发《架空输电线路无人机智能巡检作业体系建设三年工作计划（2019—2021 年）》，提升无人机装备智能性、作业自主性和数据处理智能化水平，实现输电线路巡检模式向以无人机为主的协同自主巡检模式转变。中国南方电网有限责任公司自 2013 年探索人机协同新型巡检模式，先后印发《输电线路"机巡＋人巡"协同巡检工作指导意见》《"十三五"输电线路"机巡＋人巡"协同巡检推进方案》等纲领性文件；2014 年南方电网开始在班组试用多旋翼无人机；2015 年开始"机巡为主，人巡为辅"推广应用；计划于 2020 年基本实现"机巡为主＋人巡为辅"的协同巡检目标。

据统计，仅仅国家电网有限公司在 2019 年度，多旋翼无人机巡检杆塔 70 万余基，固定翼无人机巡检线约 3 万 km，累计发现缺陷 30 万余处，杆塔瓶口及以上人员难以发现位置的缺陷占比 75.8%，极大提高了隐蔽性缺陷发现率，输电通道巡检效率约是人工巡检的 8～10 倍，巡检效率和质量较人工巡检显著提高。无人机在输电线路灾情巡查、应急抢修、带电检测和智能辅助检修作业等运检工作中也发挥了重要作用，提高了极端恶劣天气下线路运维和应急抢修效率。

随着无人机在架空输电线路应用的深入，逐步建立了无人机管理和技术标准体系、人才队伍建设体系、巡检图像缺陷智能识别等关键技术攻关体系、作业综合保障体系等应用支撑体系，取得阶段性成果。同时，自 2019 年以来，电力行业开始探索无人机在配电网巡检作业技术的研究与应用，初步应用表明，配电网设备本体巡检效率和质量显著提高，并且极大降低了劳动强度，提升了巡检效率，确保了对配电网设备状态的运行维护能力，无人机将成为配电网巡检智能化发展的有效手段。

第三节　配电网运行检修技术发展现状

配电网作为电力生产和供应的最后环节，是连接用户和电力系统的枢纽，其对用户供电可靠性和供电质量的影响最为直接。我国配电系统由于历史规划不合理的原因，普遍存在网架结构薄弱、自动化程度低等问题，而且配电网自身具有结构复杂、管理环节多和涉及面广的特点，使得配电系统的故障率整体较高。近年来，配电系统的供电能力和供电范围逐渐增大，使得配电系统运维和检修的工作量大幅增加，原有的人工运维和检修方式难以满足新背景下智能化、可视化、互动化的管理要求，更无法实现配电系统的"大运行"

和"大检修"。因此，如何提高配电网运行检修技术水平，已经成为当前电力行业亟待探索和解决的问题。

在配电网运维方面，广泛采用按设备类型划分的专业化运维班组模式开展配电运维工作，以人工周期性巡检为主，辅以红外线测温、超声波局放等带电检测手段，及时发现和消除配电设备缺陷和隐患。为解决配电运维力量与设备增长的矛盾，配电网格化运维和运检一体化等创新管理模式需要逐步推广实施。配电运维管理模式的突破，着重于整合现有配电网运维资源，实现配电网运维精益化管理。具体地，以配电网大数据分析为基础优化运维策略，根据设备状态开展差异化运维，结合带电检测和在线监测等多元化手段，提高巡检针对性，强化巡视深度，提升整体运维效率。此外，做到运维模式综合化，整合架空、电缆、站房等专业资源，实现配电各专业从独立到协同、从协同到统一的管理模式的转变，在网格区域内开展全类型配电设备运维、消除专业管理壁垒的综合化运维模式，力争实现一次巡检，设备全面覆盖。

在配电网检修方面，状态检修以其先进的理念和自动化的特征成为未来配电网建设和发展的主导方向。以配电设备或构件的实时运行状态信息为依据，通过采用状态检测、可靠性评价和寿命预测等手段，在综合考虑设备状态信息的基础上，以专家数据库为平台推演出故障所在及故障程度，对缺陷的分布情况、严重程度以及发展趋势等做出判断，并结合设备重要性的先后顺序制定相应检修方案，保证设备始终处于"可控、能控、在控"状况之下，有效减少配电设备过检修或失修情况的发生。状态检修作为具有预见性的检修模式，从根本上避免了传统计划检修的盲目性。配电网设备状态检修所采用的带电检测技术主要有红外线检测技术、局部放电检测技术和绝缘检测技术，这些技术可以有效减少停电次数，实现带电检修。此外，将"能带不停"理念深度融入配电网运维、检修和施工，政府工程建设的配电网不停电作业技术也是今后配电网线路作业的主要发展方向，在此基础上所形成的地县一体化联合不停电作业更是开创了配电网运维检修施工新模式，能够持续改善营商环境、真正提升用户"用电感知"。

配电网运维检修已经进入"智能化"时代，当前需要的是对种类繁多、复杂多变的海量电气量进行大数据分析，并将分析结果应用于实地运检。也就是说，配电网运维检修技术的大方向将逐渐从传统的"对设备进行人眼巡视、凭经验判断"转变为"通过平台监控、大数据分析"。然而，配电网自动化和智能化建设离不开智能坚强的网架结构。配电网结构是否科学合理，直接决定了整个配电网系统的运行状况和质量。新加坡的梅花状供电模型、巴黎电网的环状网架结构、东京电力的"手拉手"网络结构等配电网模式对我国的配电网建设有很好的启示。

第四节　无人机配电网应用概述

现如今，我国正处于科技快速发展的信息时代，利用无人机进行配电网络线路巡检有助于提高巡检作业的效率，获得更好的经济效益。无人机巡检作为一种高效、安全的检查方式，必然会成为现代配电网架空线检查的主流方法。目前国内外纷纷对配电网络线路中无人机巡检展开了大量的研究，且随着无人机性能的不断提升，其在配电线路巡检中的优势将更加明显。

目前结合各大网省在输配电进行诸多无人机实践和研究经验总结的基础上，可以得出在配电网巡检中，如果想要切实地施展出无人机的作用，应该做好的工作主要是涉及以下几个方面。第一方面，利用无人机开展配电网无人机可见光通道巡检，对配电网通道内的树障、违章建筑、交跨、外破等各类异常进行可见光巡检，快速发现危险源位置，保障电力通道及用电安全。第二方面，配电网无人机精细化、红外测温巡检，利用无人机对配电网杆塔开展精细化巡检、通道巡检、红外测温巡检时，需要根据不同巡检方式和环境，选用不同类型的无人机，搭载不同的采集设备，进行日常巡检工作，保障配电网杆塔安全运行。第三方面，配电网无人机三维激光扫描建模，通过无人机挂载激光雷达设备、倾斜相机或其他特殊设备，对配电网线路所处地形、地貌、地物、杆塔、配电线路通道进行扫描，无人机扫描完后的数据，利用智能分类算法模型将扫描成果数据进行分类，构建出真彩色三维模型，形成模型成果数据库。用于后续自主飞行航迹规划和仿真设计等应用场景。第四方面，配电网无人机自主航迹规划针对配电网线路巡检应用场景和巡检周期，确定适用的机型和配置要求（建议 RTK 小型多旋翼无人机）；利用三维模型，飞行人员可在飞行之前利用三维数据对需要拍摄的部位进行航线规划，形成飞行航迹数据，实现无人机自主飞行，同时为保障巡检安全并且与实际巡检场景更贴切，航点规划完毕后，可在三维模型中进行航迹模拟飞行，减少人员投入，提高飞行效率。第五方面，基于三维模型辅助配电网工程尺寸校核验收，用于在配电网建设工程完工后，可通过无人机挂载激光雷达对建设工程现场进行扫描，形成建设工程高精度三维模型，对实际工程设备各项尺寸进行自动测量计算，并和工程设计尺寸进行对比，为工程验收提供科学数据支撑。第六方面，基于三维模型的配电网工程设计，通过将三维数据与工程设计软件相融合，打破传统单一工程化设计模式。通过将三维数据与工程软件的数据融合，设计人员可以在三维平台中，根据无人机所采集的实际三维模型、地形、地貌等实际情况，进行配电网架空杆塔位置、配电网线路路径设计。此种设计方案设计出来的配电网杆塔和配电网线路走向更切合实际需求。设计人员可根据需要，将设计成果保存到服务端数据库中或导出成相关的设计图纸，为后续实际施工提供有利辅助和支持。第七方面，配电网智能缺陷判别专家库，利用精细化巡检成果数据，建立配电网线路无人机巡检影像库和典型缺陷库，基于深度学习的巡检影像缺陷智能识别技术与系统进行自动缺陷识别，如对鸟巢、异物、施工车辆、线下开挖等进行智能识别。后续运维人员根据缺陷库中自动识别出的缺陷记录，进行缺陷处理（消缺）工作。

总体而言，配电网设备运维效率和技术水平不足，配电网设备停电试验项目很少，日常巡检是主要的设备状态管控手段，运维人员对于有效且高效的巡检手段需求较为迫切。目前，搭载可见光、红外和紫外传感器等检测设备的无人机巡检系统已应用于主网输电线路设备本体、附属设施和通道环境巡检检查和检测工作。在配电网线路巡检方面，由于配电网设备和系统结构复杂、邻近人口密集用户区等影响因素制约，只有少部分网省公司进行了配电网无人巡检基础应用探索，并未开展深度应用。

第二章

配电网无人机巡检应用策略

第一节 业务管理模式

无人机定位为班组工器具，与传统人工巡检协同配合，用于配电网日常巡检、设备基础资料收集、故障查找、安全督查、调查取证、灾情勘察、设备验收、勘测设计、红外测温和异物清理等业务，实施主体为一线班组。应以在城镇以外、人口和社会生产活动较少的区域（如山区、水田等）沿线路通道作业为主；在城镇、工厂、公共场所等人类生产生活频繁区域，必要时可采用"塔位起飞，逐塔起降"的作业模式开展；禁止在禁飞区、敏感区域（如高速公路和铁路沿线、加油站附近等）作业。其主要以可见光方式为主，红外测温宜作为人工测温的补充，根据需求适当开展。根据实际情况，相应调整配电网设备运维策略，适当延长乡村地区架空线路日常巡视周期，实施差异化运维，达到提高巡检效率、降低巡检成本的目的。

配电网无人机巡检业务开展主体多为县公司一线班组，主要由整体集约化部门开展需求调研后，统一进行采购，再行分配，由使用单位进行设备管理。具备条件的可通过标准化的智能无人机仓库布局设计，实现对无人机及配套设备，包括电池、可见光、红外、激光雷达等荷载进行有效的智能化管理，结合设备条码管理技术，实现"一物一码"的标准化管理，能够科学记录无人机设备出入库信息，实现无人机仓库的统一授权和无死角监控管理，通过完善预约管理流程，利用手机 App 可开展"24 小时无人值守"自助领料服务，基于统一可视化展现技术，实现物资仓储和充电状态等实时大屏监控展现。飞行平台设备选型的一般要求为：集成度高，操作简便，利于学习掌握；重量轻（起飞重量宜小于 7kg），机身小，便于携带；产品单价不高，配件易于购置，节约规模化应用成本；利于保养维护，具备一定的可开发性，结合业务需求利于功能拓展；并应满足部分特殊作业环境区域，例如，高原地区，应选择适合高海拔环境的无人机。目前使用的载荷设备选型要求一般为可见光照相分辨率宜不小于 2000 万像素，红外成像仪分辨率不应低于 320×240，并具备可见光照相、红外热图数据存储和分析功能，可根据作业需求合理配置镜头。

使用者应参照自身单位相关生产工器具管理相关要求，做好无人机及配套设备的台账注册、仓储保管、维护保养、使用和报废等工作，并做好记录。根据业务需求做好无人机储存和充放电库房等基础设施保障。多旋翼无人机宜存放于通风良好，清洁干燥的专用工具房内，库房环境应具备充放电条件并满足国家和行业标准及产品说明书相关要求。条件不允许时，库房可与生产工器具共用，但须分开并定置存放。对多旋翼无人机及相关备品备件每月至少进行一次检查并记录，并填写相关检查记录表，记录表需长期保存。发现缺陷及时修复，不能修复或修复后经相关试验不合格的应按要求处置。多旋翼无人机及其配件（含电池）的维护保养需参照产品说明书的要求执行，不应使用明显变形及性能显著下降的锂电池作业。重点针对无人机蓄电池需单独摆放，宜摆放在绝缘的防爆箱中，并按照使用说明定期进行充电工作。

无人机操作人员（观测员）一般由配电网生产班组人员兼任。在无人机应用较好和需求较大的供电单位可考虑组建专业无人机班组或无人机工作小组，集中开展难度较大的无人机作业、集中进行无人机技术指导和培训、集中进行无人机维修和备品备件管理。操作人员（观测员）应具备 2 年及以上配电线路运维经验，身体健康，经培训并具备地市级及以上供电单位认可的相应资质。视距内（作业半径不大于 500m，人与无人机相对高度不大于 120m）巡检作业时，每组作业人员不应少于 2 人；在保证安全和空域允许的前提下依靠图传进行视距外作业时，操作人员须具备相关资质认证。作业过程中操作人员负责操控无人机的飞行，对所操作无人机的性能与操作方法较为熟悉，并具备紧急情况处理能力。中、大型机巡视作业时，应增设 1 名观测员；观测员负责监视无人机图传，检测无人机运行参数，对作业目标进行拍照摄影。应考虑建立无人机操作人员台账信息，便于人员合规化管理。

第二节　应用场景介绍

一、正常巡视

配电网无人机应用于正常巡视时，主要针对杆塔、配电网电气本体进行快速或精细化巡视。配电网无人机正常巡视作业参考标准见表 2-1。

表 2-1　　　　　　　　　　　配电网无人机正常巡视作业参考标准

	巡检对象	检查线路本体、附属设施、通道及电力保护区 有无以下缺陷、变化或情况	快速 巡视	精细 巡视
线路本体	地基与基面	回填土下沉或缺土、水淹、冻胀、堆积杂物等		√
	杆塔基础	明显破损、酥松、裂纹、露筋等，基础移位、边坡保护不够等	√	√
	杆塔	杆塔倾斜、塔材严重变形、严重锈蚀，塔材、螺栓、脚钉缺失、土埋塔脚等；混凝土杆未封杆顶、破损、裂纹、爬梯严重变形等	√	√
	接地装置	断裂、严重锈蚀、螺栓松脱、接地体外露、缺失，连接部位有雷电烧痕等		√
	拉线及基础	拉线金具等被拆卸、拉线棒严重锈蚀或蚀损、拉线松弛、断股、严重锈蚀、基础回填土下沉或缺土等		√
	绝缘子	伞裙破损、严重污秽、有放电痕迹、弹簧销缺损、钢帽裂纹、断裂、钢脚严重锈蚀或蚀损、绝缘子串严重倾斜	√	√
	导线、地线、引流线	散股、断股、损伤、断线、放电烧伤、悬挂漂浮物、严重锈蚀、导线缠绕（混线）、覆冰等		√

续表

巡检对象		检查线路本体、附属设施、通道及电力保护区 有无以下缺陷、变化或情况	快速 巡视	精细 巡视
线路本体	线路金具	线夹断裂、裂纹、磨损、销钉脱落或严重锈蚀；均压环、屏蔽环烧伤、螺栓松动；防振锤跑位、脱落、严重锈蚀、阻尼线变形、烧伤；间隔棒松脱、变形或离位、悬挂异物；各种连板、连接环、调整板损伤、裂纹等		√
附属设施	防雷装置	破损、变形、引线松脱、烧伤等		√
	防鸟装置	固定式：破损、变形、螺栓松脱等； 活动式：褪色、破损等； 电子、光波、声响式：损坏		√
	各种监测装置	缺失、损坏		√
	航空警示器材	高塔警示灯、跨江线彩球等缺失、损坏		√
	防舞防冰装置	缺失、损坏等		√
	配电网通信线	损坏、断裂等		√
	杆号、警告、防护、指示、相位等标志	缺失、损坏、字迹或颜色不清、严重锈蚀等	√	√
通道及电力保护区（外部环境）	建（构）筑物	有违章建筑等		√
	树木（竹林）	有近距离栽树等		√
	施工作业	线路下方或附近有危及线路安全的施工作业等		√
	火灾	线路附近有烟火现象，有易燃、易爆物堆积等		√
	防洪、排水、基础保护设施	大面积坍塌、淤堵、破损等		√
	自然灾害	地震、山洪、泥石流、山体滑坡等引起通道环境变化		√
	道路、桥梁	巡线道、桥梁损坏等		√
	采动影响区	采动区出现裂缝、塌陷对线路影响等		√
	其他	有危及线路安全的飘浮物、藤蔓类植物攀附杆塔等		√

二、智能化巡视应用

智能化巡视主要利用多旋翼无人机对故障点进行查找，建议利用激光扫描和倾斜摄影等技术，通过获取输电线路走廊的海量数据，实现对线路走廊进行三维建模，使用多旋翼无人机自动巡检技术，定点定量进行故障查找，可降低人员登杆造成的安全风险，也可在夜间或大雾等肉眼受限的情况下开展巡检工作。

应用无人机自动巡检技术可通过 RTK 和激光点云技术在多旋翼无人机智能沿线飞行，实现从激光点云数据中获取真实的配电线路准确的经度、纬度及 DEM 高程关键数据，利用导航卫星信号及 RTK 设备，通过对实时定位方法的研究，实现多旋翼无人机航飞轨迹规划、沿线和环杆塔自主飞行、定点悬停和拍照。此项技术可解决有人控制多旋翼无人机巡检和复杂地理条件下人工巡检安全风险高、技术要求高、劳动强度大等问题，促进配电线路走廊数字化管理，不断强化数据分析及应用，实施差异化和精益化管控，提高工作质量，提升工作效率，降低劳动强度，确保输电设备作业安全。

1. 缺陷智能分析

通过搭载激光、超声波、红外和可见光等设备，结合机巡大数据中心分析算法，通过固化标准缺陷库进行智能化分析应用，实现对线路杆塔本体缺陷和通道隐患的标准化智能分析，可快速实现缺陷自动识别及标识，并支持全自动生成动态报告。

2. 涉电公共隐患分析

通过搭载激光点云和超声波测距设备，辅助激光扫描背包装置，建立数据融合机制，通过拟合导线和分类点云，实现对线—地、线—树、线—房等具体的精细化和智能化分析，快速发现各类涉电公共隐患，全自动生成隐患分析报告，可作为隐患消除及法律追溯依据。

第三节　无人机运维策略介绍

目前配电网的主要设备分为变压器、环网柜、柱上开关、电缆分支箱和配电网线路等设施，其中配电网线路与输电主网线路较为接近，也是目前主要的机巡对象，其巡检模式可直接复制与借鉴，但此工作仅能解决巡视的问题。配电网设备中，更加需要关注的设备为变压器、柱上开关等设备，此类设备较为复杂，较大的工作业务为操作维护，同时随着近些年任务荷载的种类增多，可以预见未来越来越多的工作可以通过机巡替代补充，此为维护策略。因此，这里将从以下两点分析无人机在配电网情况下的运维策略。

一、巡视策略

对于配电网现有日常巡视、特殊巡视和故障巡视，采用无人机作业逐步替代人工巡视工作模式，通过终端集中管控、数据智能分析逐步实现配电网的无人机巡视全覆盖。

1. 日常巡视

配电网设备的日常巡视无人机的配置宜一步到位，日常巡视全部由机巡取代（部分无法取代的，转为维护项目开展）。但同时要开展核对性巡视，可分两个阶段：第一阶段，可定期安排人员的核对性巡视（不少于 3 个月 1 次）；第二阶段，机巡体系运行稳定后，延长人员的核对性巡视周期，巡视周期可调整到半年以上。

2. 特殊巡视

与日常巡视基本相同，当条件触发后开展，也可分为两个阶段：第一阶段，可与人员核对性巡视结合执行；第二阶段，机巡体系运行稳定后，取消特殊巡视。

3. 故障巡视

目前由检修等专业班组开展，推进路线也分为两个阶段：第一阶段，与现有模式保持一致，由专业班组执行；第二阶段，结合无人机技术的发展，优化故障巡视策略。

二、维护策略

按照技术成熟度不同，从有效性、安全性、可靠性、必要性、创新性和经济性等维度进行综合评估，将状态监测技术分为成熟型、试点型以及前瞻型三种不同类别，其中，成熟型的技术应进行全面应用，有效但尚不成熟型的技术可根据需要进行试点应用，相关具体项目如下：

1. 成熟型状态监测技术

成熟型状态监测技术包括可见光采集技术、红外热图采集技术、无人机 RTK 自动驾驶技术和无人机蜂巢技术等。

2. 试点型状态监测技术

试点型状态监测技术包括配电网无人机局放检测技术、无人机抄表技术、无人机参与配电网检修技术、小型无人机三维激光雷达扫描技术和配电网无人机区域协同作业调配技术等。

三、其余原则

（1）由于配电网的天然属性，其在单一设备的重要程度上并没有主网那么明显，那么如何既能管控投资又能强化运维手段，确保广大用电客户的满意度才是难点。

（2）根据管控系数调整巡视周期，但巡视周期最长不得大于 1 次/3 月。

（3）要合理统筹工作，结合涉电公共安全隐患、设备固有风险、反措和电缆通道隐患摸排要求，充分融入到巡维计划中同步开展，提高日常巡视维护的工作效率。

（4）同一条线路所带的配电站（室内配电站、箱式变、台架变）、开关站（户外环网柜、开关房、开闭所）、柱上开关等设备考虑安排在同一周期进行巡视运维，相近地域的线路和设备考虑安排在同一周期进行巡视和运维。

第三章

配电网无人机作业应用场景

第一节　配电网无人机巡检应用配置需求分析

配电网架空线多采取人工巡检的方式，但是由于工作量大且部分地区地形复杂，导致巡检工作难以开展，容易出现意外事故。人工巡检的方式无法提高巡检效率，且容易造成人力资源的浪费。随着无人机技术的不断发展，在配电网线路巡检工作中应用无人机技术，有助于进一步提高巡检效率，从而提升线路运维管控的自动化水平。

配电网架空线路多架设在市区及其周边，环境相对繁杂，对于一个运维工区来说，线路的整体长度相对适中，在运维过程中，可以根据工区运维线路的情况对无人机巡检智能设备进行相应配置。

在现今整体国家电网无人机巡检应用中，主要应用小型多旋翼进行无人机智能巡检，针对配电网架空线路杆塔高度不高等现状，建议主要以小型多旋翼进行线路巡检，基于激光雷达等大重量的载荷设备建议应用中型多旋翼无人机进行搭载载荷巡检，对于长距离交跨线路建议应用垂直起降固定翼进行巡检。

对于多平原环境运行的配电线路，巡检工作应用多以小型多旋翼进行，巡检装配配置以 2 人一套无人机巡检设备为最优。对于线路运维多、巡检量大的地市工区，可考虑配套应用固定机场与移动机场。对于山区较多的巡检作业环境，建议巡检模式至少以 2 人一组搭配开展巡检作业并应用自主巡检无人机。

一、巡检应用

定期巡检主要为精细化巡检与通道巡检，精细化巡检主要应用多旋翼无人机开展巡检工作，通道巡检依据通道线路长度与线路所在环境选择固定翼或者多旋翼开展巡检工作，如果通道环境多在市区或通道区段相对较短，建议选择多旋翼进行巡检；如果通道多在山区或人员较难达到的区域并且通道较长，建议选择固定翼无人机进行巡检。

1. 固定翼无人机参数配置

固定翼无人机是指由动力装置产生前进的推力或拉力，由机体上固定的机翼产生推力，在大气层内飞行的重于空气的航空器。大部分固定翼无人机结构包含机身、机尾翼、起落架和发动机等。

固定翼无人机的飞行速度快，若按照 2000km 的配电线路计算，能够在两周内完成巡检工作，且巡检拍摄视频的画面较为清晰，能够从不同的角度观察，从而为检查站提供清晰的画面。固定翼无人机不能悬停，但是可以沿着线路进行巡查，通常是以俯视的角度进行观察，可以根据实际需求调整速度和高度，从而进行慢速检查。固定翼无人机适用于对线路大环境进行侦查，其飞行控制系统较为精准。其特点为续航时间长、飞行距离远、飞行速度快（一般为80～120km/h）、飞行高度高。

垂直起降固定翼无人机是一种有效结合多旋翼无人机垂直起降能力和固定翼无人机高效巡航能力的无人机。因其独特的起降—巡航性能，垂直起降固定翼无人机在军事侦察、边海防无人值守和战场态势获取等军事应用领域，以及输油输电管线检测、复杂空域快速投送、航拍测绘等民用领域都具有极大的应用前景。垂直起降固定翼无人机大致可分为复合倾转式、倾转旋翼式、动力复合式及尾座式四类，当前配电网巡检应用中，主要以复合倾转式固定翼无人机为主，如图3-1所示。

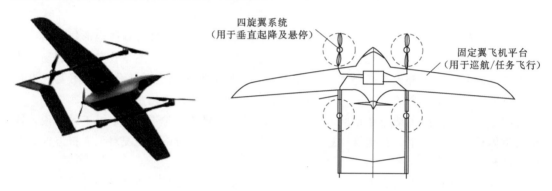

图3-1　复合垂直起降固定翼

对于配电网巡检，固定翼的选型中有几个重要的配置参数需要作业人员去考量。可根据表3-1中描述的参考关系，进行固定翼无人机的选型，固定翼无人机参数解释见表3-1。

表3-1　固定翼无人机参数解释

无人机参数项目	参　数　解　释
最大起飞重量	此参数减去机体本身重量则是其最大带载重量
任务载荷	此参数描述其任务载荷的重量多数描述其能带载的最大任务载荷重量
最佳巡航空速	此参数一般就是飞行巡检的标准速度
续航时间	此参数是需要考量的，需要了解是否是满载续航时间还是空载续航时间
最高起飞海拔	对于高海拔地区，此参数尤为重要
使用环境温度	此参数比较重要，超过此参数则可能导致无人机失控，主要取决于电子系统的可靠性
存储环境温度	此参数需要注意，存储不当也会造成无人机的性能下降或埋下隐患
防雨能力	重要的参数，但此参数是描述无人机本体，不包含带载设备
抗风能力	重要参数，环境影响参数，越高越好
抗电磁干扰性能指标要求	需都具备A级

2. 多旋翼无人机

多旋翼无人机是一种重于空气的航空器，其在空中飞行的升力由一个或多个旋翼与空气进行相对运动的反作用获得，与固定翼航空器相对的关系多旋翼无人机（multimotor）是一种具有三个及以上旋翼轴的特殊的直升机。常见的有四、六、八旋翼，实际应用中主要是四旋翼无人机，其通过每个轴上的电动机转动，带动旋翼，从而产生升推力。旋翼的总距固定，而不像一般直升机那样可变。通过改变不同旋翼之间的相对转速可以改变单轴推进力的大小，从而控制飞行器的运行轨迹。多旋翼无人机的优点是成本低、小巧轻便、操作简单、能做到自稳拍摄录像。目前均为电动，续航时间普遍较短（一般为 20～30min），工作距离短，抗风能力一般为 4～5 级风，优点在于稳定，对平台振动小，电动机寿命长等。

配电网应用中，无人机的操作至少为 2 人一组，由无人机飞行人员（简称"飞手"）与地勤人员组成，在国网初始应用无人机巡检时，地勤人员主要操作遥控器辅助飞行人员进行精准拍摄。随着无人机技术的不断探索，无人机的操作逐渐简化，飞行与拍摄的工作主要由飞行人员来执行，地勤人员的作用慢慢变成辅助现场勘察，环境监测与记录。但地勤人员是绝对不可缺少的一个岗位，对于现阶段各种类型的巡检来说，都还无法真正做到单兵作战的程度，利用飞行人员与地勤人员搭配作业的方式，还是现阶段电网中的主要的飞行搭配形式。

基于现阶段无人机行业的发展，对于配电网巡检来说，多旋翼无人机的选型主要依据其集成度、可靠性与多场景应用性能，无论是小型无人机还是中型无人机都可满足配电网精细化巡检的需求，主要考量的点在于巡检单位本身的资源成本。

多旋翼无人机的重要参数对应关系见表 3-2。

表 3-2　　　　　　　　　　　多旋翼无人机的重要参数对应关系

无人机参数项目	参　数　解　释
重量	重量与抗风等级息息相关，选型时不能一味的要求重量低，还需要考虑本身环境是否合适（比如长年大风就需要重量大些的无人机）
飞行时间	重要参数，越高越好
最大飞行有效距离	图像传输与数据传输的最远距离，一般情况下需要按照 80% 计算
光学变焦	如具备，高变倍带来的是更远的拍摄距离但会影响一定的拍摄稳定性
定位方式	RTK 最优，GPS 也可满足部分需求
机身尺寸	主要与存储与携带有关
避障性能	重要参数，至少具备 4 个方向的避障
最大抗风等级	重要参数，越高越好
影像传感器	传感器尺寸对应拍摄画幅大小，越大越好
录像分辨率	越高越好
数据保密	如有最优
检测报告	必须具备（中国电科院出具）

二、载荷应用

1. 可见光载荷

无人机巡检系统在配电网线路巡检系统中的载荷设备主要有可见光载荷、红外热像仪、激光雷达和倾斜摄影相机等设备，如图 3-2 所示。功能是为地面飞行控制人员和任务操控人员提供实时的可见光和红外视频，同时提供高清晰度的静态照片供后期分析配电网线路、杆塔和线路通道的故障和缺陷。

图 3-2　无人机负载载荷（红外、红外可见光一体、可见光、激光雷达、倾斜摄影）

可见光设备重要参数参考对应关系见表 3-3。

表 3-3　　　　　　　　　　可见光设备重要参数参考对应关系

可见光参数项目	参　数　解　释
重量	取决于飞机的带载能力
支持镜头	支持的越多越好
传感器	尺寸越大成像越好，需要看有效像素，必须在 1200 万像素以上，但对于一些高变倍相机，可适当减少
FOV	视场角不是越大越好，大视场角带来的是畸变一般在 70～90 最优，需配合镜头
图像分辨率	越大越好
视频分辨率	越多分辨率参数越好
对焦模式	越多越好，必须具备中心点对焦
ISO	以数值范围划分，范围越大越好
工作温度	需要保证−10～40℃
存储温度	一般比工作温度上下浮动即可

2. 红外热像仪

红外热像仪是载荷设备中一个非常关键的检测设备，通过无线图像传输系统传输实时的红外视频，可以帮助任务操控人员检测配电网线路上的接头、柱上开关、变压器等有无热故障和缺陷。

红外热像仪的基本要求是：体积小、质量轻；提供模拟视频接口和网络控制接口；提供红外热像仪的软件开发工具包、动态链接库和 API 函数接口说明；在离配电网线路 5～10m 的距离，通过红外视频可清晰地看到配电网线路及设备的发热点。红外热像仪主要技术参数参考对应关系见表 3-4。

表 3-4　　　　　　　　　　　红外热像仪主要技术参数参考对应关系

镜头	视场角	不可能达到可见光的角度，越大越好
	最小焦距	定义最小拍摄距离
	调焦方式	必须具备自动/手动
	热灵敏度	数值越小，灵敏度越高，图像越清晰
	帧频	动态捕捉的能力最少 20Hz
探测器	分辨率	最少 320×240pixels
测量	测温范围	覆盖越广越好，至少 −20～+120℃
	测温精度	越小越好，至少±2℃或±2%（读数范围）
操作环境	操作温度	一般为工业级，−15～+50℃
	存储温度	一般为工业级，−40～+70℃
	湿度	一般为工业级，工作及存储：≤95%

3. 激光雷达

激光雷达技术综合了扫描技术、激光测距技术、惯性导航 IMU 技术、全球定位 GPS 技术、数字摄影测量及图像处理技术等多种技术，能快速准确地获取地表以及地表上各种物体的三维坐标和物理特征，是国际上一种先进的测绘技术。

激光雷达系统通常是由激光扫描仪、高精度贯导系统、高清晰数码相机及系统控制电脑等部件组成的一套系统设备，能搭载在不同的平台上获取高精度的激光和影像数据，经后期处理得到精确的地表模型及其他数字模型。

机载激光雷达系统由数字化三维激光扫描仪、姿态测量和导航系统、数码相机和数据处理软件等组成。

激光雷达生成的模型与可见光不同，可见光为所见即所得模型，激光雷达采集的数据原始为黑色点云，通过点云组成三维立体模型，通过颜色分类来区别模型种类如图 3-3 所展示配电网线路点云模型。

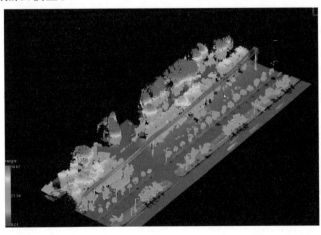

图 3-3　配电网线路点云模型

激光雷达的技术参数不容易解释清楚，本文中给出一个标准的重要参数供读者参考。激光雷达的技术参数解释见表 3-5。

表 3-5　　　　　　　　　　　　　激光雷达的技术参数解释

技术参数项目	参　数　解　释
精度	绝对精度不低于或优于±12cm；相对精度不低于或优于±5cm
扫描范围	≥200m
视野范围	垂直视野不低于或优于−16°～7°；水平视野不小于360°
扫描精度	±2cm
相机需具备影像功能	是
激光等级	1级（人眼安全）
激光器数	≥32个
点密度	110 点/m²
每秒激光点数量	70 万点及以上
内部数据存储容量	512GB
工作温度	−10～60℃
存储温度	−40～80℃
相机像素	2400 万
扫描频率	10Hz
最大有效测量速率	720000pts/s

4. 倾斜摄影

倾斜摄影技术是国际测绘领域发展起来的一项技术，它颠覆了以往正射影像只能从垂直角度拍摄的认知，通过在同一飞行平台上搭载多台传感器，同时从一个垂直、四个倾斜这五个不同的角度采集影像，将用户引入了符合人眼视觉的真实直观世界。倾斜摄影测量不仅能够真实地反映地物情况，而且可通过先进的定位技术嵌入精确的地理信息和丰富的影像信息，提供更高级的用户体验，极大地提高了航摄影像处理的速度。

倾斜摄影技术的特点如下：

（1）反映地物周边的真实情况。相对于正射影像，倾斜影像能使用户从多个角度观察地物，更加真实地反映了地物的实际情况，极大地弥补了基于正射影像应用的不足。

（2）倾斜影像可实现单张影像量测。通过配套软件的应用，可直接基于成果影像进行包括高度、长度、面积、角度、坡度等的量测，扩展了倾斜摄影技术在行业中的应用。

（3）建筑物侧面纹理可采集。针对各种三维数字城市应用，利用航空摄影大规模成图的特点，加上从倾斜影像批量提取及贴纹理的方式，能够有效地降低城市三维建模成本。

（4）数据量小，易于网络发布。相较于三维 GIS 技术需要应用庞大的三维数据，应用倾斜摄影技术获取的影像的数据量要小得多，其影像的数据格式可采用成熟的技术快速进行网络发布，实现共享应用。

将倾斜摄影技术应用于电力巡检中，可以大大提高检测效率与精度。通过无人机搭载倾斜摄影相机快速地扫描配电网线路走廊和变电站等电力运行环境，经过后期计算处理恢复场景三维立体信息，可以为后期的电力巡检提供空间参考信息，如图3-4所示。

图3-4 配电网线路三维建模图

倾斜摄影的技术参数不容易解释清楚，本文中给出一个标准的重要参数供读者参考。倾斜摄影技术参数解释见表3-6。

表3-6 倾斜摄影技术参数解释

镜头数	5个	单镜头有效像素	2400万像素，总像素>1.2亿
倾斜角度	0° 1个、45° 4个	最小拍照间隔	≤1s

在配电网线路巡检中，将多角度倾斜摄影设备搭载到无人机本体上，通过调整倾斜角可实现不同角度的线路信息采集，使得倾斜摄影系统具备更强的复杂环境适应能力。用无人机自主巡检航拍图片，基于倾斜摄影建模技术实现线路走廊实景的快速三维建模，通过将设备与现场信息有效结合，实现地表和空间位置、距离的在线量测，精度在0.3m以内，系统通过结合历年状态信息，利用多数据融合预测算法，推测线路状态，确定检修日期，大大地提高了巡检的科学化管理水平，提高了工作效率。

三、数据通信模块配置

1. 数据链路

无人机在配电网线路巡检中的发展和应用越来越广泛，而由于作业环境的复杂性和特殊性，如何在无人机与指挥控制站之间，特别是在地形复杂的山区等通信条件恶劣的境下，实现高效、实时、准确的双向通信显得尤其重要，无人机数据链路正是优化和解决这种双向信息可靠传输的关键。

数据链路是无人机整个系统的关键组成部分，负责对无人机的遥控、遥测、跟踪定位和传感器传输，一般包括机载部分和地面部分（在超远距离或障碍保障传输条件下还包括无人机通信中继设备），如图3-5所示。

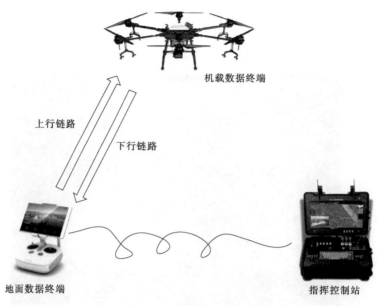

机载数据终端

上行链路

下行链路

地面数据终端

指挥控制站

图 3-5　无人机数据链路系统架构

无人机数据链路在功能上包括上行和下行双向链路，上行数据链路实现对无人机的遥控功能，下行数据链路执行遥测和图像传输功能。具体如下：

（1）遥控。传送由地面站发往无人机的控制无人机飞行状态和机载设备工作状态的各种指令。

（2）遥测。传送由无人机发往地面站的表示无人机飞行状态和机载设备工作状态的各种遥测数据。

（3）图像传输。传送由无人机发往地面站的机载任务设备所获得的图像信息，并发往地面站进行实时记录和显示。

2. 无人机巡检业务总体通信方案

无人机配电网线路巡检面临数据传输的实效性问题，巡检数据具有数据量大的特点，适宜用快速稳定的通信传输方式进行传输。根据目前成熟的通信手段，可以采用的传输方式主要有 4G/5G 传输，下面主要对这种传输方式进行介绍，同时介绍无人机与管控中心的多种通信方案。

配电网线路无人机巡检通信方案主要分为两部分，第一部分是无人机自行闭环的通信链路，包括无人机与地面站及地面操控人员的数据传输链路与图像传输链路；第二部分为无人机整体航电系统与远端机巡中心的数据与图像传输链路。

无人机本体的航电通信链路主要为行业标准通信方式，数据链路多为 2.4G 通信模块，图像链路多为 5.8G 通信链路，两条链路相互之间不干扰不复用。无人机本体的航电通信链路基本都采用跳频通信功能。对于信道环境进行自主监测，自动切换相关信道避免不必要的干扰，提高通信效率。

无人机整体航电系统与远端机巡中心的数据通信，现阶段主要以 4G 传输为主。随着 5G 的研发及在国内的应用，将来 5G 通信将逐渐替代 4G，成为无人机远端数据传输的主要应用手段。4G/5G 传输主要指通过目前移动通信运营商（中国移动、中国联通、中国电信）建设的移动通信网络，实现传输数据的功能。巡检现场的终端设备使用通信运营商的无线通信网络将数据传输给指挥中心。

一套完整的数据传输方案如图 3-6 所示。

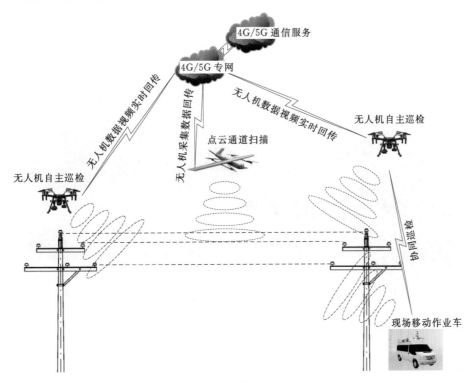

图 3-6　数据传输方案

根据通信方案的主要实现功能，各部分需要配套的设备如下：

（1）无人机平台可以配备的设备有定位设备、载荷、4G/5G 传输设备和数据链设备。

（2）地面站可以配备的设备有定位设备、4G/5G 传输设备和数据链设备。

（3）移动监测车可配备的设备有定位设备、4G/5G 传输设备和数据链设备。

第二节　配电网典型应用场景下无人机巡检作业及配置

一、配电网无人机通道巡检

1. 应用场景

配电网架空线路多旋翼通道巡检对无人机的要求不如固定翼高，现阶段随着无人机技术与载荷技术的发展，小型无人机带载能力越来越高，飞行航时越来越长。通道巡检中对于配电网挡距不大、杆塔高度相对低和线路环境复杂的情况，利用多旋翼进行通道巡检比应用固定翼更方便快捷。

（1）配电网无人机可见光通道巡检。

搭载可见光设备进行配电网通道巡检是基于 GPS 定位技术，在线路正上方按预设路径飞行，采用正射影像的方式或者倾斜摄影的方式，采集线路通道内的图像信息，主要用于发现线路保护区内的建筑、施工、异物和树障等环境变化。

可见光通道巡检（图 3-7）能够快速发现线路中的隐患，即时与隐患现场进行沟通，辅助快速监管与判断现场隐患。

图 3-7　可见光无人机通道巡检

【实例一】　可见光通道巡检实例

某供电公司利用多旋翼无人机在城区及线路环境复杂地区开展配电网线路无人机通道巡检，如图 3-8 所示，巡检内容包括检查线路走廊内的地理环境和建筑（构筑）物等情况，真实反映线路两侧边导线内外的植被、地形、建筑（构筑）物、交叉跨越等情况。

图 3-8　利用多旋翼无人机通道巡检

（2）配电网无人机激光雷达通道巡检。

配电网架空线路无人机激光雷达扫描多用于通道巡检与树障巡检，以提升巡线效率和精确度、降低线路运行风险为目标，利用无人机机载激光雷达三维扫描系统与后期处理软件相结合，形成一整套有理论、有试验、有装置、有软件、有应用、有体系的无人机机载激光雷达三维扫描巡检系统，如图3-9所示。实现架空线路通道高效精确净空排查，通过一次飞巡扫描，便能够准确获取到配电网架空线路周围所有障碍物的准确信息，有效解决了配电网架空线路快速精确判断树线距离、交跨距离、通道环境等难题，从技术上保证了电网的安全稳定运行。

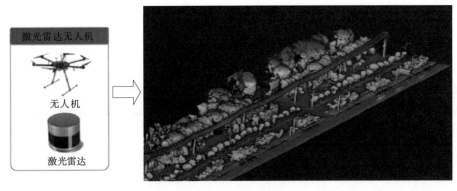

图3-9　激光雷达扫描

【实例二】　激光点云通道实例

某供电公司通过可见光通道巡检数据分析，发现某线路附近存在大量树木，为了测量树木与导线的精确距离，某供电公司使用多旋翼激光雷达进行通道扫描，如图3-10所示。通过测量，对通道内超过安全距离的树木植被进行砍伐，保证线路安全运行。

图3-10　多旋翼激光雷达通道巡检

2. 无人机通道巡检配置

通道巡检依据通道线路长度与线路所在环境选择固定翼或者多旋翼进行巡检，如果通道环境多在市区或通道区段距离相对较短，建议选择多旋翼进行巡检；如果通道多在山区或人员较难到达的区域并且通道距离较长，建议选择固定翼无人机进行巡检。

（1）配电网无人机可见光通道巡检。

配电网无人机可见光通道巡检可以应用多旋翼或者固定翼飞行平台进行巡检，可见光通道巡检主要应用可见光载荷设备（相机或者倾斜摄影相机）按照飞行航线进行拍摄，采集多角度的照片信息，在后期进行相应的图片拼接与处理，形成可展示的线路通道模型或者整体通道的全景影像。配电网无人机可见光通道巡检配置见表3-7。

表3-7　　　　　　　　　　　　配电网无人机可见光通道巡检配置

应 用 场 景	设 备 类 型	设 备 选 型
可见光通道巡检	多旋翼无人机	中小型多旋翼
	固定翼无人机	垂直起降固定翼无人机
	载荷设备	倾斜摄影相机

（2）配电网无人机激光雷达通道巡检。

配电网无人机激光雷达通道巡检与可见光巡检应用无人机平台相同，不同点在于载荷的类型。应用激光雷达载荷采集的数据主要为点云数据，经过后期点云分类结算之后，可形成线路通道三维模型，可进行通道三维点云数据的测量、工况模拟与线路航线规划等工作。配电网无人机激光雷达通道巡检见表3-8。

表3-8　　　　　　　　　　　　配电网无人机激光雷达通道巡检

应 用 场 景	设 备 类 型	设 备 选 型
激光通道巡检	多旋翼无人机	中小型多旋翼
	固定翼无人机	垂直起降固定翼无人机
	载荷设备	激光点云

二、配电网无人机精细化巡检

1. 应用场景

配电网架空线路无人机巡检工作主要为多旋翼无人机杆塔精确巡检。搭载高清摄像头的常规航拍无人机已逐步使用在配电网常规巡检中，可利用高空视角提供精细化巡检资料，针对河流、山地、房屋等人员难以到达的区域开展空中精细化故障查找。对于配电及导线上方等地面巡检人员不能发现的设备缺陷，无人飞行器可迅速、安全、精细地查找并发现缺陷及故障点。

配电网架空线路无人机精细化巡检中主要分为两种巡检方式，分别为人工飞行的精细化巡检与自主飞行的精细化巡检。下文介绍几种现阶段配电网中应用的精细化巡检模式。

（1）多旋翼无人机配电网自主精细化巡检。

多旋翼无人机配电网自动驾驶/自主精细化巡检是无人机搭载可见光以及红外设备，自主环绕杆塔飞行，采集杆塔本体及附属设施的图像信息，通过调整无人机位置及可见光设备角度，对巡检目标进行多方位拍摄，主要用于发现避雷设施、导线、杆塔本体、金具、绝缘化、绝缘子和通道等部位的各类缺陷。

1）基于人工采集航线文件的无人机自主精细化巡检。人工采集航线自主巡检系统组成如图3-11所示。

基于人工采集航线文件的无人机自主巡检的流程主要是前期操作人员手动飞行一遍航

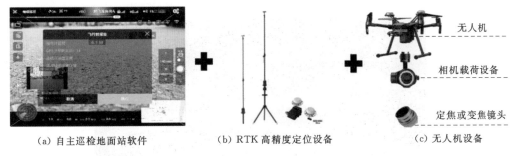

（a）自主巡检地面站软件　　　（b）RTK 高精度定位设备　　　（c）无人机设备

图 3-11　人工采集航线自主巡检系统

线，无人机自动记录好飞行航线、航点与拍摄角度曝光等相应参数，生成航线文件辅助无人机学习。再次执行相同任务时，将航线数据导入到自主飞行系统，由软件控制无人机进行自主飞行与数据采集，全程无需人员干预，一键起飞，数据采集完成后自主降落。降落之后由作业人员操作地面站进行数据存储统一命名。

2）基于三维点云航线绘制的无人机自主精细化巡检。

随着无人机巡检自主飞行技术不断被完善，由原有人巡飞行固定基塔的学习方式转变为多元数据融合飞行方式，此融合飞行方式是基于高精度激光点云数据和线路坐标的基础上，对两者进行精确配准，形成杆塔目录树；选择待巡检杆塔，自动提取所选杆塔的杆塔本体和导线等关键部件，可视化地进行航线与拍摄航点的学习，综合考虑无人机机型、相机焦距、安全距离、巡查部件大小、作业效率等因素，完成该架次高精度的智能航线规划与学习，包括拍照地理坐标、拍照顺序、云台角度和拍摄数量等，点云数据生成逻辑如图3-12所示。同时此种融合数据还可以对整条航线进行模拟飞行安全检查与校核，通过提前规划航线航点进行飞行学习，后续导入自主飞行系统中即可直接精准执行相关航线规划。配电网三维航机规划流程和航迹规划如图3-13、图3-14所示。

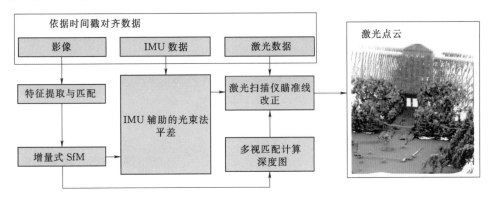

图 3-12　点云数据生成逻辑

新建任务 → 导入激光点云 → 导入线路坐标 → 新建架次 → 提取杆塔关键部件 → 智能航线规划 → 航线模拟飞行 → 手工航线优化 → 输出航线档

图 3-13　配电网三维航机规划流程图

图 3-14　配电网航迹规划

　　配电网工程设计主要基于二维的系统，传统设计大部分采用二维 CAD 技术，用点状或线状等抽象符号表达电力设备，由于二维 CAD 技术的表达方式抽象、设计成果不直观、设计变更后修改量大，而且配电网工程受周边环境影响大，二维信息不能为施工和巡检提供一个真实的环境信息，这些缺点限制了其在配电网工程设计领域的进一步深化应用。而目前三维数字化技术可以通过计算机选用各种材料设备构建出各种配电网线路设备装置，满足设计人员常规设计思路，绘制架空线路时能将物料本身的结构和线路廊道规划方案清晰的展现出来，并且进行应力、应变分析、模拟施工现场，直观表现空间环境的关系。相应的成果也可以对配电网日常维护和管理提供可视化的数据支持。

　　【实例一】　验证实例

　　某供电公司通过手动采集和三维点云航迹规划生成的航迹文件，对配电网杆塔按照预设的航迹进行无人机自主飞行、自主拍照、任务结束后自主返航提供依据，减少了人工操作，保障飞行安全及巡检质量。

　　通过对比人工采集航线规划自主巡检与三维点云数据航线规划自主巡检的成果照片，并且通过重复图片查找工具软件，拍摄效果对比重合度基本在 97%～99%，如图 3-15所示，基本没有太大差异。

　　【实例二】　验证实例

　　人工巡检排查不到的缺陷隐患，某供电公司利用无人机进行配电网线杆可见光巡检，开展配电网架空线路日常巡检，每根线杆巡检效率得到极大提升，无须人员爬杆便可清晰查看绑扎带不规范等缺陷隐患，方便快捷，如图 3-16、图 3-17所示。

　　（2）多旋翼无人机配电网红外巡检。

　　配电网架空线路无人机红外巡检与架空线路可见光巡检同时进行，应用双光云台或下置双云台的方式（单可见光载荷设备与单红外载荷设备）在进行精细化巡检过程中对柱上开关和变压器等关键设备进行红外测温检查，如图 3-18所示。

　　红外巡检在配电网架空线路中是不可缺少的一个环节，红外巡检可大幅提高人工巡检

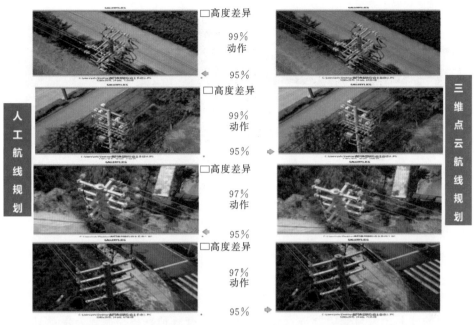

图 3－15　人工航线规划与三维点云航线规划成果照片对比

图 3－16　绑扎带安装不规范

图 3－17　避雷器与导线连接处断开

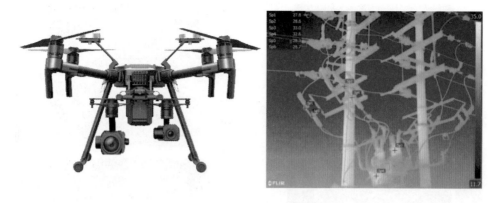

图 3 – 18　红外巡检图像

效率；拍摄到人工地面无法拍摄的缺陷；红外热成像图像判读标准的确定可以使巡检人员快速准确地确定故障缺陷等级，提高巡检效率。

　　配电网架空线路每一条主线的分支较多，在夏季用电高峰期，通过夜间用电高峰时段对线路杆上的柱上开关与变压器进行红外检测，可有效预判线路隐患，灵活切换分支线路，避免造成不必要的用户停电事故。可形成设备巡检数据档案，对配电网架空线路设备运行情况趋势准确掌握；红外热成像图像判读标准的确定可以使巡检人员快速准确地确定故障缺陷等级，提高巡检效率。

　　【实例一】　2019 年 8 月某供电公司利用无人机搭载红外与可见光相机，在迎峰度夏期间的夜晚对配电杆刀闸、开关进行红外拍摄，判断线路载荷，保障用户用电高峰不断电，白天与夜间用电高峰配电刀闸温度图如图 3 – 19 所示。

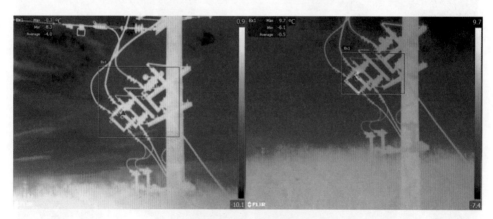

图 3 – 19　白天与夜间用电高峰配电刀闸温度图

　　【实例二】　某供电公司夜晚利用无人机红外相机进行线路杆塔红外拍摄，对比人工巡检红外拍摄，如图 3 – 20 所示，图像更清晰，对线路关键点隐患排查更精准明确，并且相关红外图片可导出存储留档，极大提高了线路隐患排查的精准度，而且数据的可回溯性增强。

图 3 - 20　人机红外相机拍摄效果

2. 无人机精细化巡检配置

搭载高清摄像头的常规航拍无人机已逐步使用在配电网常规巡检与故障巡检中，可利用高空视角提供精细化巡检资料，针对河流、山地、房屋等人员难以到达的区域开展空中精细化故障查找。对于配电柱上设备及导线上方等地面巡检人员不能发现的设备缺陷，无人飞行器可迅速、安全、精细地查找、发现缺陷及故障点。

配电网精细化巡检主要应用多旋翼无人机，其主要以带载载荷功能来进行巡检应用。对应的无人机载荷设备主要为可见光载荷和红外热像仪这两种，精细化巡检主要应用带RTK功能的无人机进行巡检，配电网无人机精细化巡检配置见表 3 - 9。

表 3 - 9　　　　　　　　　　配电网无人机精细化巡检配置

应 用 场 景	设 备 类 型	设 备 选 型
精细化巡检	多旋翼无人机	小型多旋翼
	载荷设备	可见光、红外、可见光红外双光
	定位系统	RTK

三、无人机配电网工程验收

1. 应用场景

随着配电网发展，每年有大量的改造和新建的配电网架空线路。根据架空线路施工及验收的要求，配电网架空线路运维管理单位在验收时需要对架空线路的电杆基抗、电杆、拉线、导线、横担、金具、绝缘子、接地工程、交叉跨越等项目进行验收，这些验收项目中大量的关键点需要进行高空检查。在传统的验收过程中，验收人员在勘察现场时往返于各杆塔基础和关键点之间，由于地形和环境等因素，大量时间被浪费在路上。此外，验收人员需进行爬杆验收等，存在安全风险。利用无人机机动灵活、近距离检测线路设备等特点，将无人机应用于配电架空线路验收工作可以提高验收效率，降低人工工作量和事故发生概率。为了开展好无人机工程质检验收工作，需注重以下方面：

（1）对验收内容进行分解，明确无人机的工作任务。按照配电线路验收规范中的要求，对所有的验收内容进行分类甄别，以减少人工爬杆等危险工作量，充分发挥无人机机

27

动灵活的特点，筛选出适合无人机进行验收的内容，如绝缘子串外观检查及线路通道树障、建筑物检查等。

（2）建立配电线路无人机验收作业指导卡，做好验收记录存档工作。为了开展好竣工验收档案管理工作，应编写配电线路无人机验收作业指导卡，验收卡中明确验收的内容和标准，验收影像资料随验收作业指导卡存档保存。

1）可见光精准验收。利用多旋翼无人机搭载可见光相机对改造和新建线路进行精确位置拍摄，通过拍摄采集的图片进行现场线路关键点验收，减少验收人员爬杆验收等工作，提高验收作业安全。

2）激光雷达测量验收。建设设计之初通过仿真技术进行线路建设仿真模拟，提前考虑地形、地貌、周边环境等相关因素，通过可视化的方式，更高效更准确地对新建线路进行规划设计，在验收阶段，利用无人机搭载激光雷达进行新建线路扫描，通过点云数据进行三维模型建设，精确测量导线间距、配电杆基础、拉线、树障高度和交跨距离等相关关键点，提高验收作业效率与准确性。

【实例一】　验收实例

2019 年某供电公司对新建线路验收中使用激光雷达进行三维立体扫描，通过扫描数据对线路建设情况进行了关键部位高精度测量，如图 3-21 所示，使用测量数据对施工情况进行审核；巡检数据进行存档并对比历史数据，观察线路运行情况，及时掌握通道环境、本体和导线的运行情况。

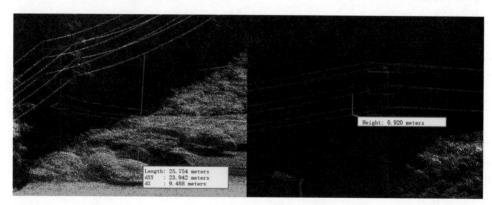

图 3-21　验收线路点云手动测量

【实例二】　验收实例

将扫描的三维数据模型进行数据分类后，统一进行功能性测量，例如弧垂分析、杆塔分析、相间距离分析等自动计算测量，测量的数值生成总体杆塔验收精度分析报告，如图 3-22 所示，为线路投运安全提供可靠保障。

2. 无人机工程验收配置

配电网无人机工程验收主要应用激光点云与可见光配合进行工作与应用，配电网工程分为可见光精细化验收与激光雷达测量验收，分别应用载荷的独特特性，针对线路的缺陷隐患对线路通道的环境与地理埋设进行测量与验收，无人机配电网工程验收配置见表 3-10。

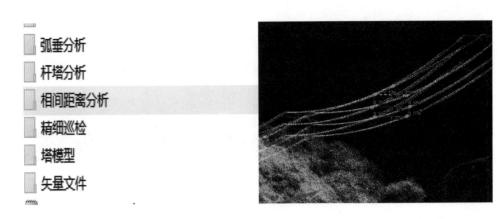

图 3－22　验收线路点云自动测量

表 3－10　　　　　　　　　　无人机配电网工程验收配置

应 用 场 景	设 备 类 型	设 备 选 型
工程验收	多旋翼无人机	小型多旋翼，中小型多旋翼
	固定翼无人机	垂直起降固定翼
	载荷设备	可见光、激光点云
	定位系统	RTK

四、配电网无人机特殊巡检

1. 应用场景

根据季节特点、设备内外部环境及特殊生产的需求，需要进行加强性、防范性及针对性的巡检，如清障巡检、应急救援巡检、架线巡检等。

（1）无人机清障。近年来，随着城市化进程的加速，配电线路外飘异物隐患不断攀升，引起线路跳闸，从而影响电网安全经济运行。防范外飘隐患引起的线路事故，除了加大巡检和宣传力度外，在已发现隐患的情况下，除了应用传统的清障方法以外，也可以应用无人机搭载机械手清障。机械手使用折叠机构和鱼丝线传动机构，道具使用陶瓷材料，可以有效防止产生拉弧现象，并且减轻整体重量，保障无人机和操控系统的正常工作。

（2）无人机应急救援。某些灾害情况下，人工救援无法第一时间到达现场对遇险人员实行救援措施，应用无人机可以进行应急资源投放和安全道路指引；利用搭载红外热成像载荷设备的无人机可以对失踪人员进行搜索等。在第一时间进行应急援助，提高遇险人员救治率与突发情况下应急响应率。

【实例一】　2016 年 3 月，某供电公司模拟暴雨、洪水灾害背景下，巡检人员受伤被困情况下的应急救援，如图 3－23 所示。先有无人机搜寻伤员具体位置，并投掷急救药品让受伤人员进行现场包扎。随后应用无人机再次投送救生衣，成功将被困人员指引到安全路径，脱离险情。通过演练充分证明了多旋翼无人机在突发事件下的应急救援能力。

图 3-23　应急救援实例

【实例二】　用于夜间照明的系留式无人机，解决了夜间野外、复杂地形、危险水域、大范围的移动照明这一难题，并以其安全可靠、携带方便、操作简单、实用高效，有效完善补充了现有巡检装备，提升了夜间突发事件和应急救援中的处置能力和效率，如图 3-24 所示。

图 3-24　无人机应急夜间照明

2. 无人机特殊巡检配置

配电网无人机特殊巡检主要应用场景为清障应用、应急救援和应急照明等。上述三种应用主要搭配多旋翼无人机进行工作开展。配电网无人机特殊巡检配置见表 3-11。

表 3-11　　　　　　　　　　　配电网无人机特殊巡检配置

应 用 场 景	设 备 类 型	设 备 选 型
特种巡检	多旋翼无人机	小型多旋翼，中小型多旋翼
	清障应用	可见光、机械手臂、喷火装置
	应急救援	可见光、机械手臂，装置吊舱
	应急照明	可见光、照明设备

第三节　配电网无人机成果数据应用

通过无人机挂载激光雷达设备、倾斜相机或其他特殊设备，对配电网线路所处地形、地貌、地物、杆塔、配电线路通道进行扫描，无人机扫描到的激光原始点云数据上传到服务器后，点云数据智能处理平台支持一键后处理航迹解算和 POS 解算，同步生成激光雷达点云数据航迹质量报告和 POS 精度报告（通过航迹质量报告和 POS 精度报告可初步判断雷达点云数据质量），自动生成 LAS 点云数据后，支持在线三维显示轨迹信息和配电线路走廊三维可视化展示（高程显示），如图 3-25 所示。

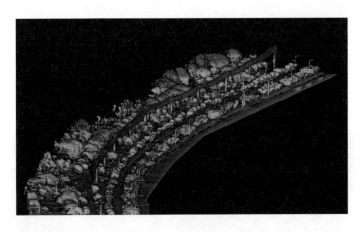

图 3-25 配电网点云模型

【实例】 2019 年 7 月，某供电公司，利用大型多旋翼无人机挂载激光雷达设备对两条 10kV 配电网线路的 100 多 km 示范线路，进行了三维激光雷达数据采集，如图 3-26 所示，通过对原始点云切挡和分类，形成了配电网三维模型成果数据，并将点云数据运用于日常树障、交跨、实时工况、空间量测等应用中。

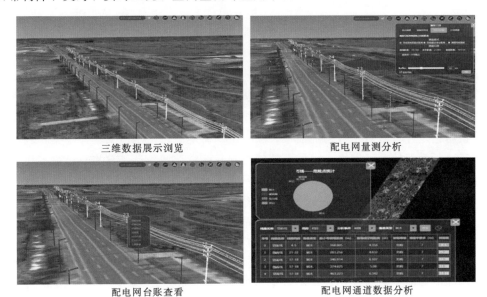

三维数据展示浏览　　　　　　　　　配电网量测分析

配电网台账查看　　　　　　　　　配电网通道数据分析

图 3-26 三维模型配电网应用

一、配电网无人机自主飞行航线规划

在电网精细化和智能化管理趋势下，杆塔的高精度建模需求日益强烈。依据配电网巡检特点及配电网巡检要求，通过三维平台对配电网线路通道巡检航迹进行规划设计。在实际航迹规划中，基于高精度三维点云模型，在三维场景下，进行无人机自动巡检航迹设计，航点规划人员，结合三维模型杆塔、线路实际位置和地形、地貌、地物等情况，在三维平台对配电网整体的航线进行规划。最终将规划好的航点文件，导出或下发到无人机飞控系统实现无人机自主巡检飞行。

【实例】　2019 年 10 月某供电公司，在日常巡检中，对 2000 多基杆塔进行了航线采集，实现无人机自主精细化巡检和通道巡检，如图 3-27 所示，同时为实现全自主无人机巡检，基于三维激光点云进行航线自主规划，开展精细化巡检和通道巡检。

图 3-27　于三维模型配电网航迹规划

二、配电网运检管理辅助支持

人机图像智能识别系统在通过装置改造和协议转换接入等方式，获取生产场景的图像信息，进行分析监测，以大数据为依托构建系统的分析功能，以便及时有效的掌控设备的运行情况。无人机巡检采集图片的主要目的就是对线路中的隐患及杆塔中的设备异常进行缺陷查找，因为巡检图像中背景复杂、设备状态多样，使用传统的图像识别算法通过设计特征提取算子无法满足对多样设备的缺陷查找，且识别精度上没有保障。深度学习技术不需要人工给指定计算机对于数据的抽象表示方法，而是通过给定庞大的样本集，利用模拟人脑进行分析学习的神经网络，模仿人脑的机制来解释数据，让计算机自己去找出对数据的抽象方法。图像的智能分析应基于深度学习技术实现，目前深度学习和类脑智能计算等核心技术的创新也推动了图像识别精度的提升。

基于大数据的深度学习物体识别技术首先利用大量的样本数据对已知场景进行学习，形成特定的特征提取能力，再使用分类器对特定的候选区域进行分类与识别，深度模型的参数复杂度以及网络深度保证了整个特征提取与分类结果的泛化能力，如图 3-28 所示。

基于配电网的典型缺陷信息库，建立缺陷智能识别算法样本库，对配电网的典型缺陷，如鸟巢、异物、施工车辆、杆塔歪斜、拉线缺陷等进行自动识别。

基于边缘计算方式，实现疑似缺陷的快速识别，并根据算法样本库的不断丰富，不断完善缺陷智能识别算法的识别范围及精度。

（1）搜集配电网典型缺陷图片。

（2）使用现有识别模型进行简单缺陷验证（如鸟巢）。

图 3–28 图像自动处理过程

（3）评估当前模型准确程度，制订优化方案。

（4）整理自动巡检过程中搜集到的缺陷数据，选择模型进行训练。

（5）模型将输出的疑似缺陷交由人工确认，根据人工判别结果优化识别算法。

【实例】 2019 年 7 月某供电公司，开展了常态化无人机配电网巡检工作，经过巡检，截至目前已经积累了 8000 多基杆塔的精细化、通道等各类缺陷照片，并针对缺陷照片依据国网标准配电网缺陷库，进行了示范应用，如图 3–29 所示，对积累的各类缺陷进行缺陷标注，同时配电网缺陷模型库进行验证和学习。

图 3–29 缺陷标注及缺陷识别模型算法训练

三、配电网工程仿真设计

基于配电网三维平台成果数据，进行配电网工程仿真设计，根据三维平台中详细的地形、地貌及已有设备模型，进行可视化仿真设计，优化原有的配电网工程设计方式，并基于高精度三维模型，进行工程建设详细尺寸设计，辅助工程建设，如图 3–30 所示。

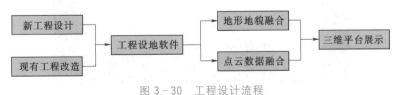

图 3–30 工程设计流程

（1）典型设计模型导入。根据配电网典型设计，导入配电网设备模型，基于典型设计模型进行仿真规划。

针对典型设计模型，设计人员可在设计软件中对模型进行构建，将构建好的设计模型导入到三维平台中，丰富现有的三维模型库，为后续设计提供丰富的典型设计模型资源。

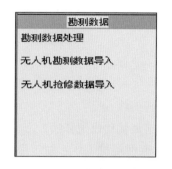

图 3-31 生成路径并自动选型，依据勘测备注、故障原因便于用户确定抢修方案

（2）配电网仿真设计。基于设备模型库，进行三维仿真设计，根据设计结果进行工程量及建设费用估算。

将三维成果数据与工程设计软件相融合，打破传统单一的工程化设计模式。通过三维数据与工程软件的数据融合，设计人员可将设计好的工程文件，导入到三维平台中，如图 3-31 所示，设计人员可在三维平台中进行实时设计效果预览，设计人员可结合实际需要，对不合理的部分，根据三维地形、地貌、配电网杆塔、线路路径走向做相应的优化及调整，提高设计准确性和设计效率，如图 3-32 所示。此种设计方案设计出来的配电网杆塔设计和配电网线路走向更切合实际需求。设计人员可根据需要，将设计后的成果保存到服务端数据库中或导出成相关的设计图纸，为后续实际施工提供有利辅助和支撑，如图 3-33 所示。

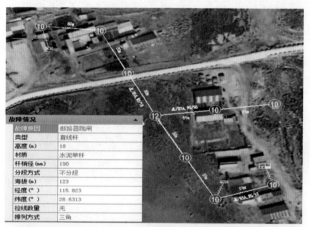

图 3-32 依据成果标准模板，一键生成项目工程设计成果，技经成果及应急抢修方案

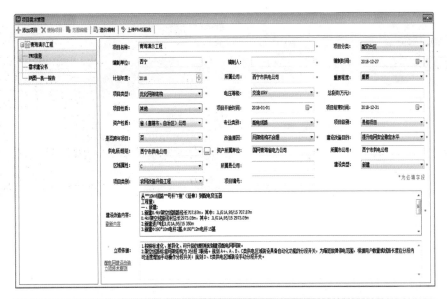

图 3-33 数据台账

【实例一】 2019 年 8 月某供电公司，将三维激光点云数据、配电网设计模型及三维地形、地貌等空间数据相融合，对配电网工程仿真设计进行了技术验证和试点应用，如图 3-34 所示。

【实例二】 应用无人机配电网勘察设计技术，累计完成青海省海东市、果洛藏族自治州、玉树藏族自治州、海西蒙古族藏族自治州、内蒙古自治区呼和浩特市、包头市、鄂尔多斯市等 200 余个配电网工程设计项目。

通过数据导入接口，将勘测和抢修数据导入至 PC 端软件。

四、配电网工程辅助验收

基于无人机的配电网线路施工作业现场的安全监控与预警技术和装备，实现施工作业

图 3-34 三维仿真设计

现场实时全方位监控和安全预警。

配电网建设工程完工后，可通过无人机挂载激光雷达对建设工程现场进行扫描，形成建设工程高精度三维模型，对实际工程设备的各项尺寸进行自动测量计算，并与工程设计尺寸进行对比，为工程验收提供科学数据支撑。

针对配电架空线路和杆塔，基于三维技术，将构建好的三维模型通过三维平台进行模型展示，操作人员可通过三维平台对地形、地貌、地物、通道、配电网杆塔、线路进行角度量测、空间量测、水平量测、垂直量测、平面面积量测等操作。在配电网三维平台中，除了有基础的量测功能外，还可以通过三维平台，查看到无人机所采集到的配电网架空线路 360 度全景、精细化照片、通道照片、红外照片（柱上变压器、带负荷柱上开关、隔离开关、断路器、跌落式熔断器等）等。工作人员不用实地勘察，通过三维模型就可以清晰地了解到配电网线路通道及地形、地貌、地物、杆塔位置、线路等信息。

（1）实现杆塔坐标、呼高和倾斜度的自动检测。

（2）实现对配电网线路以下参数的自动检测：线路转角、导线长度、弧垂、相间距、地线长度、地线距导线间隙距离、拉线长度、绝缘子长度倾度。

（3）实现对通道环境的自动检测，包括距植被、建筑物、其他电力线路、交跨的安全距离。

（4）自动生成验收报告。

【实例】 2019 年 8 月某供电公司，采用无人机对新建工程进行三维激光点云数据采集和后处理。利用三维平台，融合三维激光点云数据，对相间距、弧垂、引流先等安全距离进行自动计算和分析，如图 3-35 所示，并形成相关的报告。开展对配电网工程尺寸校核和验收试点应用。

五、营配数据治理

通过无人机技术在配电网营配数据采集领域的应用，实现现场点位坐标、地理环境数据及配电网信息的快速全面采集，完成对 PMS、GIS 系统内增量、存量数据的治理纠偏，助力营配数据贯通，实现"数据一个源、电网一张图、业务一条线"，如图 3-36 所示。

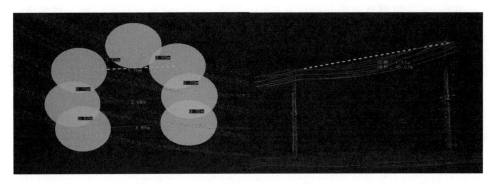

图 3-35　配电网相间距、弧垂校核分析

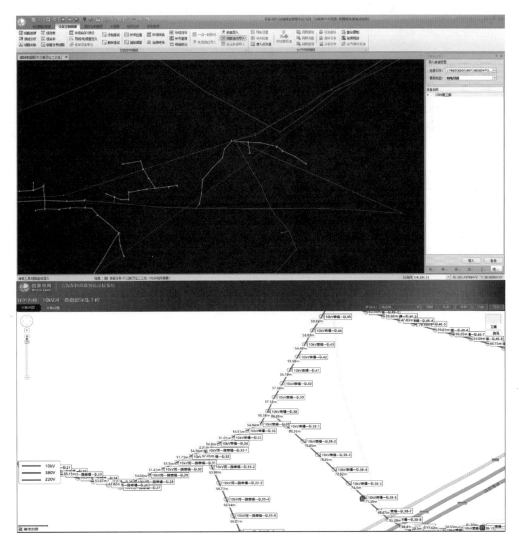

图 3-36　PMS 系统内原有数据与治理纠偏后数据对比

【实例】　原营配调基础数据信息误差较大，线路分级信息混乱，线路与杆塔的关联关系和基础信息不明确。通过无人机智能巡检平台精准采集营配调基础数据，有效解决现状网架基础数据存在的问题，同时实现数据共享对比，将存在问题的治理数据导入对接的PMS 系统，丰富的数据图形资源，实现 PMS 和 GIS 系统数据治理纠偏工作，如图 3 - 37所示。

序号	SBID	设备名称	运行编号	设备关联 ID	杆塔性质	经度（X 坐标）	纬度（Y 坐标）	1 路信	杆塔材质	所属地市	运维单位
必填字段，可以自动生成，用于导	非用户填写字段，由系统功能生成		选填字段	必填字段，可由 excel 自动生成，在当前页中必须保证每个值的唯一性，用于建立后续各线路设备与杆塔	耐张、直线	必填字段	必填字段	填字数字正数表示	角钢塔，钢管塔，钢管杆，水泥杆，铁杆，木杆，其他	可以不填，那么导入后设备的所属地市默认为登录客户端时所选地市，如果采填写，请填写	可以不填，那么导入后设备的运维单位默认为登录客户端时所选的运维单位，如果
1		华夏地产分支001 号	华夏地产分支001 号	华夏地产分支 001 号	耐张	102.36761134	36.49105135	0	水泥单杆	国网海东供电公司	国网乐都县公司
2		看守所分支001 号	看守所分支001 号	看守所分支 001 号	耐张	102.36626433	36.49054134	0	水泥单杆	国网海东供电公司	国网乐都县公司
3		正平路桥分支001 号	正平路桥分支001 号	正平路桥分支 001 号	耐张	102.36014225	36.49129145	0	水泥单杆	国网海东供电公司	国网乐都县公司
4		河门新村分支001 号	河门新村分支001 号	河门新村分支 001 号	直线	102.35906669	36.49125177	0	水泥单杆	国网海东供电公司	国网乐都县公司
5		二号桥分支001 号	二号桥分支001 号	二号桥分支 001 号	耐张	102.35914938	36.49274859	0	水泥单杆	国网海东供电公司	国网乐都县公司
6		陕西建工分支001 号	陕西建工分支001 号	陕西建工分支 001 号	耐张	102.35940301	36.49584703	0	水泥单杆	国网海东供电公司	国网乐都县公司
7		朝阳中学分支001 号	朝阳中学分支001 号	朝阳中学分支 001 号	耐张	102.36608161	36.49657220	0	水泥单杆	国网海东供电公司	国网乐都县公司
8		海东铁塔公司分支001 号	海东铁塔公司分支001 号	海东铁塔公司分支 001 号	直线	102.36493450	36.49605048	0	水泥单杆	国网海东供电公司	国网乐都县公司
9		大地湾分支001 号	大地湾分支001 号	大地湾分支 001 号	耐张	102.35287950	36.49063535	0	水泥单杆	国网海东供电公司	国网乐都县公司
10		下杏园北变分支001 号	下杏园北变分支001 号	下杏园北变分支 001 号	耐张	102.33787728	36.49083124	0	水泥单杆	国网海东供电公司	国网乐都县公司
11		下杏园南变分支001 号	下杏园南变分支001 号	下杏园南变分支 001 号	直线	102.33391610	36.4915383	0	水泥单杆	国网海东供电公司	国网乐都县公司
12		下杏园新村分支001 号	下杏园新村分支001 号	下杏园新村分支 001 号	直线	102.33155559	36.49180240	0	水泥单杆	国网海东供电公司	国网乐都县公司
13		盛和分支001 号	盛和分支001 号	盛和分支 001 号	直线	102.32350509	36.49263973	0	水泥单杆	国网海东供电公司	国网乐都县公司
14		玻璃厂分支001 号	玻璃厂分支001 号	玻璃厂分支 001 号	直线	102.30681999	36.49461283	0	水泥单杆	国网海东供电公司	国网乐都县公司
15		羊圈东变分支001 号	羊圈东变分支001 号	羊圈东变分支 001 号	直线	102.30769132	36.49315628	0	水泥单杆	国网海东供电公司	国网乐都县公司

〈 〉 〉| 1.杆塔　2.导线　3.柱上变压器 4.柱上调容变压器 5.柱上断路器 6.柱上负荷开关 7.柱上隔离开关 8.柱上跌落式熔断器 9.线路故障指示器 10.柱上重合器 11.柱上 …

图 3 - 37　无人机采集数据生成电网资源表

第四章

配电网无人机作业方式

第一节　配电网无人机通道巡检作业方式

配电网无人机通道巡检根据使用挂载设备的不同，分为快速巡检和三维建模巡检。快速巡检利用可见光相机/摄像机挂载对线路设备及线路通道进行快速检查，主要巡检对象包括导线异物、杆塔异物、通道下方树木、违章建筑、违章施工、通道环境等，适用于没有特殊运维需要时线路的巡检。

三维建模巡检利用三维激光雷达对线路本体设备及通道环境进行扫描检查，获取三维点云数据，主要巡检对象包括通道下方树木、违章建筑、违章施工、通道环境等，适用于对线路通道安全测距以及线路走廊整体三维建模。

在配电网线路巡检中多旋翼或固定翼无人机系统均可挂载可见光相机/摄像机、三维激光雷达进行通道巡检。

一、通道快速巡检

配电网无人机通道快速巡检不限于多旋翼无人机平台或固定翼无人机平台，两者都可执行快速巡检；其中固定翼无人机平台续航时间和单架次飞行距离都大于多旋翼无人机；多旋翼无人机对起降场地和空域申报要求都小于固定翼无人机，可按照不同的应用场景选取合适的无人机平台，作业线路较长、拥有良好的起降场地与空域范围，可以使用固定翼无人机平台；作业线路较短且涉及城区、人员密集区、无人机限高区，可以使用多旋翼无人机平台。

二、三维建模巡检

多旋翼无人机的续航时间相比固定翼无人机较短，普遍在 30min 左右，现场勘察后选取线路附近的某基杆塔开始巡检工作，多旋翼无人机作业高度保持在线路上方 14～50m，通道快速化巡检高度保持在线路上方 50m，飞行速度保持在 10m/s，使用 40 线程三维激光雷达飞行保持在线路上方 15m，飞行速度保持在 7m/s 以下。作业过程中时刻观察 GPS、电量信息、遥控信息等参数。沿巡检航线飞行过程中，在确保安全时，可根据巡检作业需要临时悬停或解除预设的程控悬停。作业结束后对通道快速化巡检的影像和录像进行拷贝数据分析，对三维激光雷达生成的三维点云使用相应的解算软件进行数据处理。

通道巡检每年开展两次常规巡检，重点区段线路可根据线路运行环境和运行状况开展定期巡检，配电线路通道巡检内容见表 4-1。

表 4-1　　　　　　　　　　　　配电线路通道巡检内容

巡检对象		检查线路通道及电力保护区有无以下缺陷、变化或情况
线路本体	杆塔基础	明显破损等，基础移位、杆塔倾斜等
通道	建（构）筑物	距建筑物距离不够
	树木（竹林）	距树木距离不够
	施工作业	线路下方或附近有危及线路安全的施工作业等
	火灾	线路附近有烟火现象，有易燃、易爆物堆积等
	杂物堆积	通道内有违章建筑、堆积物
	防洪、排水、基础保护设施	大面积坍塌、淤堵、破损等
	自然灾害	地震、山洪、泥石流、山体滑坡等引起通道环境变化
	道路、桥梁	巡线道、桥梁损坏等
	污染源	出现新的污染源
	采动影响区	出现新的采动影响区、采动区出现裂缝、塌陷对线路影响等
	其他	线路附近有危及线路安全的飘浮物、采石（开矿）、藤蔓类植物攀附杆塔

第二节　配电网无人机精细化巡检作业方式

无人机进行配电线路的精细化巡检，主要针对柱上设备、绝缘子、开关、避雷器、线杆本体进行精细化拍摄。主要应用小型无人机进行巡检，巡检作业手段主要为可见光拍摄巡检与红外测温巡检。

精细化巡检原则：面向大号侧先左后右，从下至上（对侧从上至下），先小号侧后大号侧，呈倒 U 形巡检顺序。

结合配电网地面人工巡检受角度限制和特殊地区无法到达杆下的巡检痛点，规定了无人机精细化巡检标准化作业流程，规范无人机操作，全方位对杆线设备展开巡检，根据配电网线路塔型，明确杆塔各部位采集照片的数量及内容，拍摄按照耐张塔与直线塔进行划分。结合通道巡检周期、缺陷信息对重要线路进行精细化巡检。

一、可见光精细化巡检

应在巡检作业前一个工作日完成所用多旋翼巡检系统的检查，确认状态正常，准备好现场作业工器具以及备品备件等物资；应在通信链路畅通范围内进行巡检作业。在飞经巡检作业点的过程中，无人机通常应在目视可及范围内；在巡检作业点进行拍照、摄像等作业时，应保持目视可及。巡检作业时，多旋翼无人机距线路设备距离不宜小于 3m，距周边障碍物距离不宜小于 8m。巡检飞行速度不宜大于 10m/s。配电网架空线路精细化巡检照片基础数量要求见表 4-2。

表 4 - 2 配电网架空线路精细化巡检照片基础数量要求

塔型	单回路直线、耐张杆					
部件	全杆	杆塔头	通道	金具、绝缘子	基础	杆号
有效照片数量	1 张	2 张	2 张	4 张	1 张	1 张
塔型	双回路直线杆					
部件	全杆	杆号	杆塔头	通道	基础	
有效照片数量	1 张	1 张	5 张	2 张	1 张	
塔型	双回路耐张杆					
部件	全杆	杆号	通道	基础	金具、绝缘子、刀闸	
有效照片数量	1 张	1 张	2 张	1 张	7 张	

（1）精细化巡检直线塔拍摄示意图，如图 4 - 1 所示。

（2）精细化巡检耐张杆拍摄示意图，如图 4 - 2 所示。

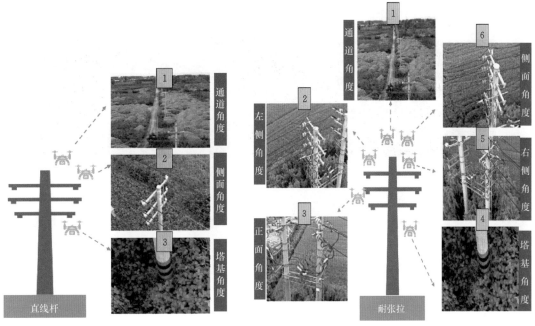

图 4 - 1　精细化巡检直线塔拍摄示意　　　　图 4 - 2　精细化巡检耐张塔拍摄示意

二、红外测温巡检

在无人机上搭载红外影像设备，能够在短时间内对区域性的配电网进行全方位的巡检，对于及时发现配电网中的安全隐患、确定电网故障问题都有极大的帮助作用。目前，无人机红外影像技术在配电网巡检应用中取得显著成效。

红外影像能够直观地反映出巡检对象不可见的红外线辐射的空间分布，并且通过分析巡检对象的温度变化和波长发射率，可以直观地看出配电网是否存在故障隐患，见表 4 - 3。

表 4 - 3　　　　　　　　　　　　无人机测温部件与缺陷类别

部件	一般缺陷	严重缺陷	危急缺陷
导线	导线连接处，75℃＜实测温度≤80℃	导线电气连接处，80℃＜实测温度≤90℃	导线电气连接处，实测温度＞90℃
线夹	线夹电气连接处，75℃＜实测温度≤80℃	线夹电气连接处，80℃＜实测温度≤90℃	线夹电气连接处，实测温度＞90℃
开关	导线连接处，75℃＜实测温度≤80℃	电气连接处，80℃＜实测温度≤90℃	电气连接处，实测温度＞90℃
配电变压器接头	导线连接处，75℃＜实测温度≤80℃	电气连接处，80℃＜实测温度≤90℃	电气连接处，实测温度＞90℃

目前常用的无人机搭载的红外云台有 DJI 禅思 ZenmuseXT、DJI 禅思 ZenmuseXTS、科易 PL - 640L 无人机红外热成像云台。

作业现场进行红外测温时，建议选取双光版无人机，实时测温状态下若发现温升异常，可通过可见光相机对其拍照，双重分析缺陷信息，在接头松动、导线接触不良的情况下快速定位缺陷类型，如图 4 - 3 所示。

图 4 - 3　红外图片温度分析

总体来说，利用无人机搭载红外影像设备，所形成的红外影像具有以下特点：首先，大气、云烟都可以吸收可见光和近红外线，因此如果在配电网巡检中使用普通摄像仪，所呈现出的图像不够完整。而红外热像仪则能够无视大气、云烟的影响，清晰地观察巡检目标，保证了图像的清晰度；其次，配电网中电气设备、线路对外热辐射能量的大小，与自身的温度有关。利用红外热像仪，能够对待测目标进行无接触的温度测量。这也是红外影像技术在无人机巡检中得以应用的关键所在。

三、自主精细化巡检

无人机自主飞行主要基于高精度 RTK 定位技术，利用 RTK 高精度导航功能，实现拟定航线的精准复飞与数据采集功能。应用无人机自主飞行对配电线路进行智能化巡检，主要针对线路区间较长、通道环境较为良好的区域，主要应用中型无人机进行巡检，巡检作业方式主要为线路本体自主飞行与线路通道自主飞行。

线路本体自主飞行主要以多旋翼无人机为飞行作业平台，利用无人机自主飞行技术，可以解决线路本体巡检工作量大、巡检频次高的问题，通过对自主飞行作业方式的规范与整理，建立航线标准库，使得周期性巡检得到复刻，降低了作业人员的工作强度，提高了巡检效率。

　　线路本体自主飞行路径主要根据塔型、线路周边环境与线路走向进行规划，飞行人员到达现场后，进行现场勘查，核对线路名称与杆塔编号，并确定起飞点，返航点与降落点，一般一次飞行可覆盖 10 基线路杆塔。针对不同的塔型，建立以下标准作业方式。

　　以单回路直线杆为例，单回路直线杆航迹采集方式见表 4-4。

表 4-4　　　　　　　　　　　　　　单回路直线杆航迹采集方式

拍摄部位编号	拍摄部位	实　　例	拍摄方法
1	全杆		拍摄角度：平视/俯视 拍摄要求：杆塔全貌，能够清晰分辨全杆和杆塔角度
2	杆号		拍摄角度：俯视 拍摄要求：能够清楚识别杆号
3	杆塔头		拍摄角度：平视/俯视 拍摄要求：能够完整杆塔塔头
4	小号侧通道		拍摄角度：平视 拍摄要求：杆塔头平行，面向小号侧拍摄，完整的通道概况图

续表

拍摄部位编号	拍摄部位	实　例	拍摄方法
5	大号侧通道		拍摄角度：平视 拍摄要求：杆塔头平行，面向大号侧拍摄，完整的通道概况图
6	左边相金具、绝缘子、挂点		拍摄角度：平视/俯视 拍摄要求：能够清晰分辨螺栓、螺母、锁紧销、绝缘子等小尺寸金具。金具相互遮挡时，采取多角度拍摄
7	中相左侧金具、绝缘子、挂点		拍摄角度：平视/俯视 拍摄要求：能够清晰分辨螺栓、螺母、锁紧销、绝缘子等小尺寸金具。金具相互遮挡时，采取多角度拍摄
8	杆顶		拍摄角度：俯视 拍摄要求：位于杆塔顶部，采集杆塔坐标信息

拍摄部位编号	拍摄部位	实　　例	拍摄方法
9	中相右侧金具、绝缘子、挂点		拍摄角度：平视/俯视 拍摄要求：能够清晰分辨螺栓、螺母、锁紧销、绝缘子等小尺寸金具。金具相互遮挡时，采取多角度拍摄
10	右边相金具、绝缘子、挂点		拍摄角度：平视/俯视 拍摄要求：能够清晰分辨螺栓、螺母、锁紧销、绝缘子等小尺寸金具。金具相互遮挡时，采取多角度拍摄

根据某供电公司日常开展线路本体自主飞行的经验，利用 DJI 精灵 4RTK 无人机即可满足城区线路和郊外线路的应用需求。通过将本体自主飞行采集的数据与航线规划时采集的数据进行对比，数据重叠率在 97% 以上，完全满足后期图谱缺陷分析。

山区线路在移动网络覆盖不全、接收信号较差的情况下可利用 M210RTK 通过架设定位基站的方式开展线路本体自主飞行作业，利用采集的航迹在满足天气、空域的情况下可重复无人机自主复飞、自主拍照、自主返航，为山区线路巡检提质增效。

第三节　无人机配电网工程验收作业方式

通过高倍率的数字光学变焦云台进行精细化巡检，在高空进行多角度、近距离直观地对导线、开关、避雷器、绝缘子、金具等连接点、压接处的施工工艺进行现场分析，巡检过程中对施工质量存在偏差的部件进行拍摄存档。工程验收时通过精细化巡检对现场施工作业提出更高质量要求；在验收时对发现的问题编制巡检报告提交给施工单位，在其对质量偏差部位整改后再次开展精细化巡检，查验整改情况。

工程可见光精细化验收如图 4-4～图 4-6 所示。

通过三维激光雷达扫描的方式进行三维模型重建的工程验收，基于高精度三维平台对地形、地貌、地物、通道、配电杆塔、线路进行角度量测、空间量测、水平量测、垂直量测、平面面积量测、相间距计算、弧垂计算等操作，可对新建配电线路进行验收校核，以有限的勘探成本促进验收质量的大幅度提升。

工程三维激光雷达验收如图 4-7～图 4-9 所示。

图 4-4　绑扎不规范

图 4-5　缺少线夹绝缘防护罩

图 4-6　直板销钉缺失

图 4-7　相间距校核

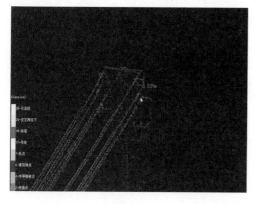

图 4-8　引流线电气间距分析

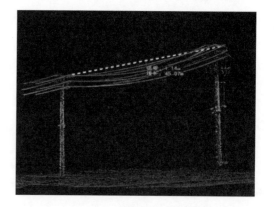

图 4-9　弧垂计算分析

第四节　配电网无人机特殊巡检作业方式

在特殊情况下（如发生地震、泥石流、山火、严重覆冰等自然灾害后）或根据特殊需要，采用无人机进行灾情检查和其他专项巡检。灾情检查主要是对受灾区域内的配电线路设备状态和通道环境进行检查和评估。无人机特种巡检主要是应用特定无人机搭载特定载荷设备进行巡检工作。

一、清障作业

在进行电力线路清障作业的过程中，加强对于无人机的运用。在这一过程中，技术人员将各类光学设备和定位设备装配在无人机上，实现对超高树木以及建筑状况进行全面的观测以及分析，并通过定位设备了解相关区域的所在位置，继而帮助运维人员进行相关的处理。

清障作业应用中大型六轴或八轴多旋翼挂载各类光学设备和定位装置等，例如通过集成无线电控制的直流微型电子隔膜油泵，可喷射出断点续流线型喷油柱体，利用特斯拉线圈原理在喷油出口处生成电弧，借助电弧点燃喷油柱体形成火炎束，在 FPV 操控模式下高效安全地进行带电清除飘挂物作业；另外，通过将激光模组、控制器、电源等设备搭载在多旋翼无人机上，调整无人机位置使激光模组的焦点对准输电线路异物表面，遥控接通激光模组电源，利用激光汇聚的温度将异物烧断清除。

二、应急救援

随着多旋翼无人机运输装载技术的发展，多旋翼无人机的多种荷载可全面支持应急救援工作，夜间可以挂载探照灯，给搜救人员提供照明支持，喊话系统可向受灾群众及时传递信息、引导疏散，挂载生命探测仪，可高效率搜救事故灾难中的幸存人员，挂载投掷系统可精准投放紧急医疗用品、食物和水等应急救援物品。

特种巡检作业多以手动飞行操控为主，巡检作业期间，必须配置两名及以上飞行作业人员，针对作业操作设备与无人机飞行本体分开操作，提高作业有效性，保障作业安全。

第五章

配电网无人机应用数据管理

利用人工智能、移动互联、大数据分析等技术，深度挖掘无人机多源数据，加强与运检业务融合，实现配电网无人机作业数据全线上管理，推进作业数据智能化应用，逐步推动"业务流程线下驱动运检模式"向"智能数据流驱动运检模式"转变，是当前配电网无人机巡检作业数据管理面临的难点，也是工作的重点。

针对配电网无人机作业应用场景，组建巡检影像和缺陷样本库，搭建配电网无人机智慧巡检管控平台（含巡检影像人工智能识别模块），推进巡检影像人工智能处理技术实用化，实现作业数据在线下载、实时回传、云端存储与智能处理分析，最终使得内外业务数据、影像数据互通互联，打通数据采集—数据管理—数据处理—检修闭环管理的链条，从根本上解决当前配电网以人工为主的巡检作业模式面临的问题。

以配电网无人机巡检作业的可见光巡检数据、红外数据和点云数据三类数据的管理为例进行说明，其他可参照。

第一节 可见光数据管理

一、数据存储管理

可见光巡检影像海量数据管理，可采用线上或线下方式，宜采用线上管理。

1. 线下管理

对于线下管理方式，可将采集的影像统一保存在专用电脑或移动硬盘中，采用文件夹进行规范化分级管理。巡检影像和分析出的缺陷分两个一级文件夹进行管理。

巡检影像设五级文件夹，无人机巡检影像存储文件关系如图 5-1 所示，具体如下：

第一级文件夹：以"××××年无人机巡检影像"命名，如"2019 年无人机巡检影像"；

第二级文件夹：以巡检月份命名，如"1 月"；

第三级文件夹：以巡检类型分为两类命名，即"杆塔精细化巡检"和"线路通道巡检"，同时将"缺陷图像"作为第三个并列文件夹；

第四级文件夹：在第三级每个文件夹下以线路名称命名，如"10kV ××线"；

第五级文件夹：杆塔精细化巡检以杆塔号命名，存放该线路该塔号杆塔的精细化巡检照片；线路通道巡检以区段号命名，存放该线路通道巡检影像。第五级文件夹名称只写杆塔号或区段号，不写线路名称。缺陷图像不建立第五级文件夹，直接在第四级文件夹下存放缺陷图像。

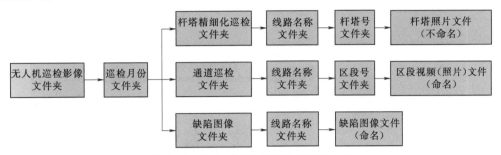

图 5-1 无人机巡检影像存储文件关系

（1）无人机巡检作业人员应及时对采集的影像进行整理和归档，尽可能做到当天采集当天整理。

（2）巡检影像整理分析后，应按照线路名称、杆塔号（区段号）进行编号，单独列出并命名和标记缺陷图像，填写无人机巡检作业清单。

（3）若发现危急缺陷，应在无人机巡检作业清单中的缺陷具体描述里面用红色字体标注。

（4）在第五级文件夹中，杆塔精细化巡检照片不命名，线路通道巡检与该文件夹同时以区段号命名。

（5）对于发现缺陷的图片，应保持原文件不动，复制一份单独进行标记并命名。对于发现缺陷的视频，应将该视频中有缺陷图像的画面截图进行标记并命名。

（6）缺陷标记时应用醒目颜色圆圈圈出缺陷部位，不在图上对缺陷进行描述。

（7）对于缺陷图像，进行规范化命名后，缺陷图片保存在缺陷图像文件夹中。

2. 线上管理

有条件的单位可建设巡检影像数据管理平台，集数据在线下载、实时回传、云端存储与缺陷智能识别分析等功能为一体，实现对海量无人机巡检影像进行线上存储、管理、查询、缺陷检测及报表等功能，并通过对缺陷或隐患图片进行规范分类和分级存储，不仅为搭建增量式的深度学习训练环境、缺陷智能识别算法训练与验证奠定基础，而且通过融合配电网运检信息，为开展多系统和多源数据融合与深度挖掘应用提供数据支撑。

巡检影像数据管理平台（图 5-2）需具备图片目录树管理、图像数据导入与预

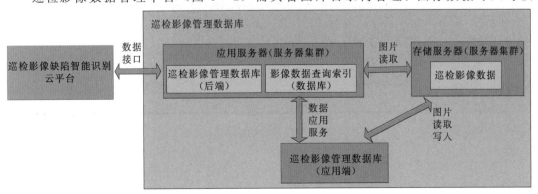

图 5-2 巡检影像数据管理平台应用逻辑框图

览（图 5-3）、缺陷数据标记与管理、影像自动归类（图 5-4）、数据查询与显示、数据接口、账户管理等功能。

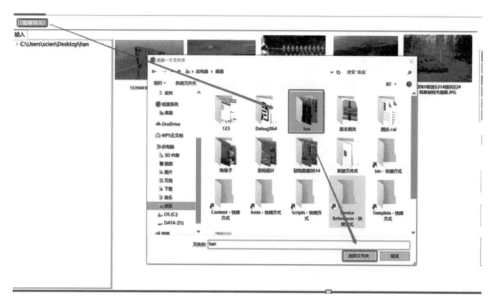

图 5-3　批量图片导入

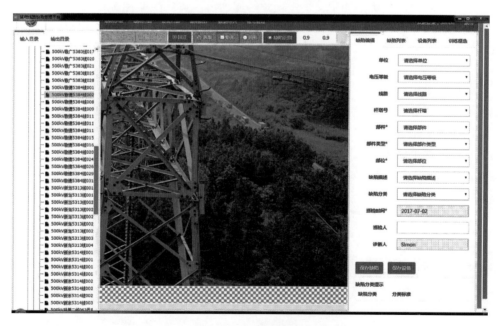

图 5-4　图片管理功能

巡检影像数据管理平台的建设资源包括：储存服务器（服务器集群）、应用服务器（服务器集群）、数据库软件系统等。其中，应用端通过账号登录后，可批量导入图片并进行重命名；由应用端导入的图片在云端进行读取和存储，提供数据备份恢复功能，并可通过接口与智能识别云平台进行互通，为智能识别算法训练和识别验证提供数据支撑；应用服务器负责承载图片数据和数据检索查询等数据服务功能。应用逻辑框图如图5-2所示。

二、规范化命名与标注

1. 规范化命名

对于获取的巡检图像/视频数据，可采用专业数据库管理软件进行自动重命名，若条件不具备也可采用手动重命名。

（1）自动重命名。对于巡检图像数据，可采用专业数据库软件，批量添加标签信息并进行重命名，内容至少包括：电压等级、线路名称、杆塔号、巡检时间和巡检人员。若是无人机自主巡检在固定距离和角度自主拍摄的巡检影像，宜记录拍摄位置坐标、拍摄距离、拍摄角度、相机焦距、目标设备成像角度和光照条件等信息。

对于巡检视频文件，需截取关键帧另存为".jpg"格式图像文件，批量添加标签规则相同。缺陷图像重命名时，要求清楚描述缺陷部位和类型。

（2）手动重命名。若不具备巡检图像数据库管理软件，作业员应从无人机存储卡中导出图片或视频，选择当次任务数据，批量添加"电压等级"和"线路名"信息，并备注当次任务的巡检时间和巡检人信息。之后根据当次任务的起止杆塔号，将巡检数据与杆塔逐基对应，将数据保存至本地规范存储路径下。对存在缺陷的图片或视频，清楚描述缺陷部位和类型后另存到缺陷图像存储路径下。

缺陷图片的命名规则为"电压等级＋线路名称＋缺陷位置＋缺陷描述＋该图片原始名称（该图片所在视频新名称）"，如对10kV××线××号原始名称为"DSC00181"的图片发现的缺陷命名为"10kV××线××号中相引流导线断股－DSC00181"；对在10kV××线"××-××"区段视频中发现的10kV××线××-××号线下施工缺陷命名为"10kV××线××-××号线下施工-××-××"。

2. 数据标注

为开展无人机巡检影像人工智能识别算法训练，需对巡检设备拍摄的巡检图像及视频截取帧图像中的所有目标设备进行标注。当前，基于深度学习的智能识别算法大部分都是有监督的学习，所谓有监督的学习是从标签化训练数据集中推断出目标函数的机器学习任务。标签化训练数据集的规模越大、多样性越强、标注越准确，则最终的训练模型泛化性越强。

完整规范的样本库是开展巡检图像人工识别处理技术的前提，大量、规范、完整的图片标注数据是人工智能识别工作的数据基础，是识别效果得到提升的根本所在。编制巡检影像标注规范，统一影像标注与入库，为人工智能识别算法训练和识别效果验证测试奠定数据基础，巡检影像标注与应用工作示意图如图5-5所示。

宜采用专业软件，用矩形框标注出图片中缺陷设备部位的准确位置，并采用标签形式记录设备部件组合关系等信息，对标注的缺陷填写缺陷属性信息；参考PASCAL VOC数据集格式，采用标准的xml标注文件记录标注数据；对缺陷设备部件标注时，需量化分类标准中的语义信息，根据任务需求设计不同的标注规则。标注示例如图 5-6 所示。

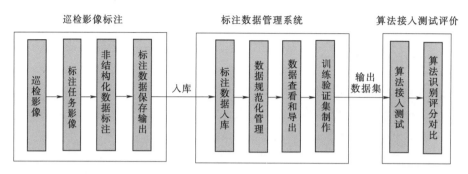

图 5-5　巡检影像标注与应用工作示意图

图 5-6　影像标注示例

三、可见光影像人工智能识别

在建立无人机巡检图像和缺陷样本数据库的基础上，研究配电网典型设备图像信息及典型缺陷数据的提取方法，建立基于深度学习的巡检图像缺陷定位与智能识别算法，实现配电网线路设备缺陷及通道环境隐患的智能识别。

在神经网络架构方面，目前应用较多的是采用了算法迭代效率较高的 TensorFlow 框架，但其存在接口通用性较差，需要自主二次开发的问题。

在特征提取与识别算法方面，近些年来基于深度学习的目标检测算法取得了很大突破，比较流行的算法可以分为两大类：第一类是基于区域提名的目标检测算法，被称为 Two-Stage 目标检测算法，由 Region Proposal 算法生成一系列的样本作为候选框，再通过卷积神经网络对样本进行分类；第二类是 One-Stage 目标检测算法，不用产生候选框，直接将目标边框定位的问题转换为位置的回归问题。两类方法的差异导致性能也有差异，前者在分类准确率和定位精度上占优势，后者在运行速度上有优势，两类目标检测网络架构示意图如图 5-7 所示。

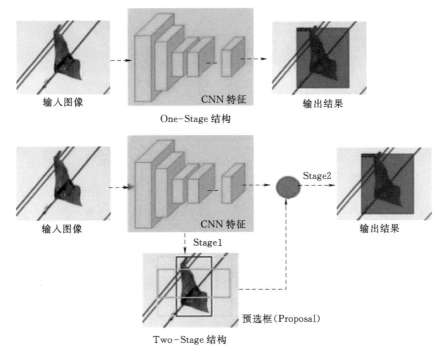

图 5-7 两类目标检测网络架构示意图

目前，对于对缺陷隐患定位和识别精度要求较高的领域，主流应用的是 R-CNN 系列、R-FCN 系列等 Two-Stage 目标检测算法。应用较多的是 Faster-RCNN 算法，Faster R-CNN 与 Fast R-CNN 最大的区别是提出了一个叫 RPN（Region Proposal Networks）的网络，专门用来推荐候选区域。Faster R-CNN 由四个部分组成。

现有的 Faster-RCNN 是一个成熟稳定的计算框架，在检测速度与准确度要求之间取得了较好的平衡，结合 GACD 与迁移学习技术，可实现巡检无人机图像中设备典型缺陷自动诊断判定。但深度神经网络架构较复杂、技术路线分支较多，还需在深入掌握深度神经网络架构原理和理解核心参数意义的基础上，针对不同缺陷类型特点，优化调整技术路线和计算策略，优化完善算法。

目前，无人机巡检影像人工智能识别算法实用化水平有待提升。为进一步提高人工智能识别算法的识别发现率、降低误报率和漏检率等，攻克大数据分布式训练和交互审核技术难题，制定人工智能识别算法量化评价规则，统一算法评价，建设公平、开放、灵活、高效的巡检影像人工智能识别分布式训练与验证云平台，接入经测试验证识别效果较好的各类算法，实现算法远程训练、缺陷智能识别、人工交互审核及在实际应用中算法识别效果提升等功能，逐步构建算法"推广应用、滚动提升、效益共享"的应用生态链，实现人工智能识别技术实用化。

无人机巡检影像人工智能识别云平台的架构关系和界面分别如图 5-8、图 5-9 所示。

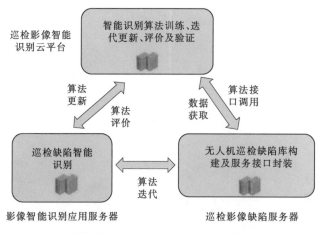

图 5-8　巡检影像人工智能识别云平台架构关系示意图

图 5-9　巡检影像人工智能识别云平台界面

第二节　红外数据管理

　　目前，配电网线路设备零部件发热测温，通常采用无人机搭载红外测温设备或手持红外测温仪完成测温，数据格式均来自设备输出默认格式。红外数据分析人员根据行业或者企业配电线路设备的缺陷定级标准，结合设备红外数据处理情况，确定产生发热缺陷的部位，形成缺陷图片，对图片进行结构化命名，命名包括供电局、电压等级、线路名称、杆塔号、缺陷描述、原始缺陷图片编号等，例如：××单位 500kV ××线 N×× 左相大号侧压接管发热××℃（温差××℃），最后汇总线路缺陷信息形成完整的红外分析报告，命名示例：××单位 _500kV_ ××线 _N××-N×× _多旋翼无人机红外测温巡检报告。

　　未来，随着机器学习技术在电网运行中的不断应用，配电网设备缺陷智能识别也成为可能。基于结构化大数据平台，以线路设备台账为基础，以杆塔为数据单元，建设设备元件库和缺陷库，自动进行红外缺陷命名，自动结合三相测温情况绘制零部件红外温度曲线、历史对比曲线等，逐步将线路三维点云模型、可见光图像、红外测温数据进行融合应用，建成配电线路健康状态评价综合应用模型。

第三节　点云数据管理

　　点云数据主要分为激光点云和可见光点云两类，电网企业主要应用点云数据进行线路通道三维数字化建模。激光点云是一种通过高频次的激光雷达测距高效获取的地面三维信息，其数据处理后可以进行距离量测，精度达到毫米级别。可见光点云是一种通过采集影像获取的地面三维信息，可以只利用普通的相机较快开展大范围区域的可见光点云采集，精度在米级，基本满足工程应用。

　　针对点云数据历史对比、拓展应用、大数据对比等智能应用的需求，激光点云数据保存周期一般为1年，可见光点云数据保存周期一般为2年。配电线路数据范围一般为现有通道两侧各向外延伸10m。

一、统一数据格式

　　激光点云和可见光点云主要展示方式包括激光点云数字高程模型和可见光数字正射影像，具体点云数据格式如下所述。

1. 存储管理内容

作业信息：用于机巡作业现场工作的管理信息文件。

导入数据：机巡现场作业前导入飞机巡检系统的数据文件。

输出数据：机巡现场作业和后续数据分析所产生的数据文件。

巡检报告：数据分析所形成的巡检报告文件。

2. 激光点云相关数据格式

激光点云相关数据格式见表5-1。

表5-1　　　　　　　　　　　激光点云相关数据格式

内容	序号	文件类型	文件格式	说明
作业信息	1	现场作业指导书	pdf	文件扫描版
	2	现场勘察记录单	pdf	文件扫描版
	3	工作单（票）	pdf	文件扫描版
	4	无人机巡检系统使用记录单	pdf	文件扫描版
	5	现场签证单	pdf	文件扫描版
	6	其他	自定义	

内容	序号	文件类型	文件格式	说明
导入数据	7	线路台账信息（含坐标）	csv（注：csv 文件可由 xls 文件转换得到，下同）	
	8	作业人员信息	csv	
	9	缺陷部位相位及方向信息	csv	
	10	风险点信息	csv	
	11	其他	自定义	
输出数据	12	激光点云	las	las 文件版本号为 1.1 及以上版本。激光点云应剔除噪声，对配电网线路、地物等进行分类。若同步获取通道走廊正射影像数据，数据中应包含 RGB 彩色点云信息；激光点云数据地理参考采用 WGS-84 坐标系，UTM 投影，按 6°分带
	13	可见光照片	jpg	有效像素≥1200W，包含经纬度坐标信息
	14	数字高程模型	GeoTiff	数字高程模型数据地理参考采用 WGS-84 坐标系，UTM 投影，按 6°分带
	15	数字正射影像	GeoTiff	数字正射影像地理参考采用 WGS-84 坐标系，UTM 投影，按 6°分带
	16	时间同步信息	ts	
	17	系统操作信息	csv	
	18	其他	自定义	
	19	放弃飞行、数据无效等信息	txt	
巡检报告	20	巡检报告	doc	由作业管理系统自动生成、保存
	21	缺陷图片	jpg	由作业管理系统自动保存
	22	隐患图片	jpg	由作业管理系统自动保存

二、点云数据处理应用

激光点云数据处理主要根据需求生成数字高程模型，结合配电网架空线路导线理论模型，编辑生成矢量化导线，再匹配巡视计划、可见光、红外测温、缺陷报告、消缺闭环等数据，建成配电网线路数字化通道，开展对通道内高大树木和边坡等特殊区域树木倒伏安全距离的检测分析，模拟配电网多工况条件下导线弧垂变化，进行缺陷和隐患预测。

1. 配电网工程仿真设计

应用电力配电网三维模型可以模拟仿真现场情况，用户可以直观、清楚地看到整个配电网的分布和走向，对于城区的线路规划改造可以提供直观的帮助，可以清楚地查看旧线路的走向、线路信息以及负荷等情况，更加准确直观地进行线路规划。对于故障定位检修也可起到辅助作用，群众将停电故障信息反馈给电力部门后，电力抢修人员可以在系统中根据故障信息定位到故障点，可以清楚地查看该区域的配电情况，制定抢修计划和临时供电方案，这样不仅提高了工作效率，也大大节省了工作成本。

2. 基于三维模型的配电网通道可视化管理

可见光点云通过软件进行复杂的立体计算，完成地形地貌的三维还原和测量工作，结合立体成像的原理，通过人工辅助还原导线位置信息，然后匹配巡视计划、可见光、红外测温、缺陷报告、消缺闭环等数据，建成配电网线路数字化通道。同时开展对通道内高大树木和边坡等特殊区域树木倒伏安全距离的检测分析，不过距离精度稍差。

三维点云模型有高精度地理坐标信息，可以通过软件或系统工具完成实时距离测量，掌握架空线路相对现有通道内植被、建（筑）物、道路、通信线路等交叉跨越物的净空距离，掌握线路运行安全距离情况，提前掌握关注区段距离信息。针对重点交叉跨越，建设高精度精益化模型，融合台账信息、三维点云模型、缺陷闭环情况、可见光图像、红外测温及视频监控在线监测等多源数据，形成全面的交叉跨越管理方案，为运维人员提供科学可靠的指导依据。通过单机或云版分析软件，实施模拟线路高温、大风、覆冰等多工况运行状态，计算多工况条件下导线弧垂变化，提前消除潜在隐患，改善线路运行环境，为迎风度夏、冬季覆冰及防风防汛工作做好准备。

三维模型配电网应用示例如图 5-10 所示。

三维数据展示浏览

配网量测分析

配网台账查看

配网通道数据分析

图 5-10　三维模型配电网应用示例

3. 配电网无人机航线规划

配电网线路三维数字化通道，是无人机自动巡检飞行的最重要的基础数据。根据数字化通道内每基杆塔的精确位置信息，结合无人机精细化或者通道巡检需求，可以在线路上方提前规划飞行航线，用于无人机对配电网线路设备本体及通道运行环境进行巡检。利用计算机设备和信息技术的优势，可以实时快捷查询线路信息，为基层运维人员及时掌握线路位置信息提供极大的便利。利用自动驾驶航线规划系统提前规划巡检航线，如图 5-11

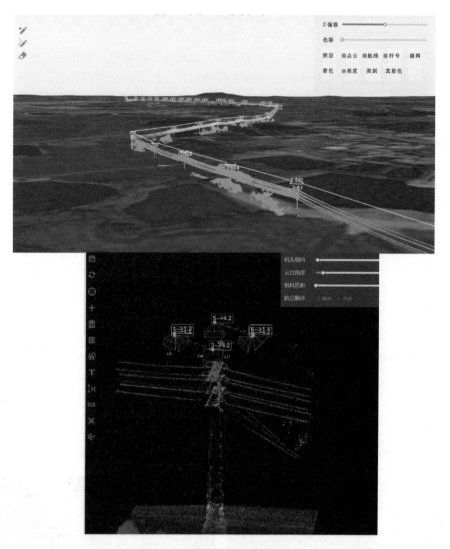

图 5-11　线路自动驾驶航线规划

所示，到作业现场一键操作完成起飞巡检，高效完成现场巡检作业，大大降低了人工劳动强度。配电设备自动巡检应用已经初具规模，随着无人机和传感器的不断深入成熟研发，将形成全面大规模应用。同时，随着图像传输和数据传输技术发展，应用无人机对现场作业实施监控，智能勘灾场景下现场画面实时回传，形成高效的配电网运维和勘灾新模式。

第六章

配电网无人机作业安全保障

本章节主要针对配电网无人机巡检技术现状和应用需求，保障飞行管理工作顺利高效开展，规范配电网无人机作业以及相关活动，建立健全配电网无人机巡检管理规范和技术标准体系，针对无人机作业、空域申请及相关数据安全建立综合保障体系。

第一节　配电网无人机运行管理规程

一、无人机实名制登记体系

根据 2017 年 5 月 16 日下发的《民用无人驾驶航空器实名制登记管理规定》对民用无人机拥有者实行实名制登记。规定指出进行实名登记的无人机为 250g 以上（包括 250g）的无人机，实名登记工作将于 2017 年 6 月 1 日正式开始，针对已经拥有无人机的个人或单位，实名登记工作需在 2017 年 8 月 31 日前完成。

登记信息包括拥有者的姓名（单位名称和法人姓名）、有效证件、移动电话、电子邮箱、产品型号、产品序号和使用目的等。对于无人机制造商，需要在无人机实名登记系统中填报其产品的名称、型号、最大起飞重量、空机重量、产品类型以及无人机购买者姓名、移动电话等信息。在产品外包装明显位置和产品说明书中提醒拥有者在无人机实名登记系统中进行实名登记，警示不实名登记擅自飞行的危害。

配电网作业无人机应当向民用航空管理机构实名注册登记，根据有关规定进行国籍登记。登记管理相关信息，民用航空管理机构应当与公安、工业和信息化等部门共享。配电网作业无人机应当具有唯一身份标识编码，应按要求报送身份标识编码或者其他身份标识，并应当强制投保第三者责任险；具备遥测、遥控和信息传输等功能的无人机无线电发射设备，其工作频率和功率等技术指标应当符合国家无线电管理相关规定；配电网作业无人机登记信息发生变化时，其所有人应当及时变更；发生遗失、被盗或报废时，应当及时申请注销。

二、无人机驾驶员管理规定

2018 年 8 月 31 日，民航局飞行标准司发布了《民用无人机驾驶员管理规定》（AC-61-FS-2018-20R2），主要内容包括调整监管模式，完善由民航局全面直接负责执照颁发的相关配套制度和标准，细化执照和等级颁发要求和程序，明确由行业协会颁发的原合格证转换为由局方颁发的执照的原则和方法。

修订后的《民用无人机驾驶员管理规定》明确指出"自 2018 年 9 月 1 日民航局授权行业协会颁发的现行有效的无人机驾驶员合格证自动转换为民航局颁发的无人机驾驶员电子执照，原合格证所说明的权利一并转移至该电子执照"。即现行的无人机驾驶员合格证可自动转换为民航无人机驾驶员执照，并且以后执照也将由民航局直接颁发和管理。同时，对于执照有效期，其更新的要求为执照有效期两年，期满前 3 个月可以申请重新颁发执照。如果两年内在优云上累积满 100h 并且在满前 3 个月，累积满 10h，可以免考重新发证。否则需要考试才能重新发证。

民用无人机驾驶员培训包括安全操作培训和行业培训。安全操作培训包括理论培训和操作培训，理论培训包含航空法律法规和相关理论知识，操作培训包含基本操作和应急操作。独立操作驾驶无人机在相应适飞空域飞行，需掌握运行守法要求和风险警示，熟悉操作说明；超出适飞空域飞行，需参加安全操作培训的理论培训，并通过考试取得理论培训合格证。操作驾驶无人机在相应适飞空域飞行，其驾驶员应当取得安全操作执照；组织飞行活动的单位应当接受安全审查并取得民用无人驾驶航空器经营许可证。

三、配电网无人机空域管理

为了促进通用航空事业的发展，规范通用航空飞行活动，保证飞行安全，根据《中华人民共和国民用航空法》和《中华人民共和国飞行基本规则》，2003 年 5 月国务院和中央军委联合签发《通用航空飞行管制条例》（简称《条例》），《条例》规定了在中国进行通用航空飞行的基本规则，对从事通用航空飞行活动的单位或个人的资格、申报手续、飞行空域、飞行计划、飞行保障以及法律责任都作出了明确规定。

2013 年 11 月 6 日，中国人民解放军总参谋部、中国民用航空局于发布联合印发《〈通用航空飞行任务审批与管理规定〉（简称《规定》），规范通用航空飞行任务审批与管理。其中，第三条规定国务院民用航空主管部门负责通用航空飞行任务的审批，总参谋部和军区、军兵种有关部门主要负责涉及国防安全的通用航空飞行任务的审核，电力无人机作业空域申请因涉及对地拍摄等涉及国防安全的飞行任范时，应由总参谋部和军区、军兵种有关部门进行任务审批。按照以上法规内容规定，可将空域申请流程分为以下三步：

1. 任务审批

《条例》第七条规定从事通用航空飞行活动的单位、个人，根据飞行活动要求，需要划设临时飞行空域的，应当向有关飞行管制部门提出划设临时飞行空域的申请。

（1）任务内容。划设临时飞行空域的申请应当包括下列内容：①临时飞行空域的水平范围、高度；②飞入和飞出临时飞行空域的方法；③使用临时飞行空域的时间；④飞行活动性质；⑤其他有关事项。

（2）审批部门。《条例》第八条规定划设临时飞行空域，按照下列规定的权限批准：①在机场区域内划设的，由负责该机场飞行管制的部门批准；②超出机场区域在飞行管制分区内的，由负责该分区飞行管制的部门批准；③超出飞行管制分区在飞行管制区内划设的，由负责该区域飞行管制的部门批准；④超出飞行管制区划设的，由中国人民解放军空军批准。

（3）审批时限。《规定》第八条规定凡需审批的通用航空飞行任务，申请人应至少提前 13 个工作日向审批机关提出申请，审批机关在收到申请后 10 个工作日内作出批准或不批准的决定，并通知申请人。对执行处置突发事件、紧急救援等任务临时提出的通用航空飞行任务申请，审批机关应当及时予以审批。《条例》第十条规定临时飞行空域的使用期限应当根据通用航空飞行的性质和需要确定，通常不得超过 12 个月。

2. 计划申请

《条例》第十二条规定从事通用航空飞行活动的单位、个人实施飞行前，应当向当地飞行管制部门提出飞行计划申请，按照批准权限，经批准后方可实施。

（1）申请内容。《条例》第十三条规定飞行计划申请应当包括下列内容：①飞行单位；②飞行任务性质；③机长（飞行员）姓名、代号（呼号）和空勤组人数；④航空器型号和架数；⑤通信联络方法和二次雷达应答机代码；⑥起飞、降落机场和备降场；⑦预计飞行开始、结束时间；⑧飞行气象条件；⑨航线、飞行高度和飞行范围；⑩其他特殊保障需求。

（2）审批部门。《条例》第十五条规定使用机场飞行空域、航路、航线进行通用航空飞行活动，其飞行计划申请由当地飞行管制部门批准或者由当地飞行管制部门报经上级飞行管制部门批准。使用临时飞行空域、临时航线进行通用航空飞行活动，其飞行计划申请按照下列规定的权限批准：①在机场区域内的，由负责该机场飞行管制的部门批准；②超出机场区域在飞行管制分区内的，由负责该分区飞行管制的部门批准；③超出飞行管制分区在飞行管制区内的，由负责该区域飞行管制的部门批准；④超出飞行管制区的，由中国人民解放军空军批准。

（3）申请时限。《条例》第十六条规定飞行计划申请应当在拟飞行前 1 天 15 时前提出；飞行管制部门应当在拟飞行前 1 天 21 时前作出批准或者不予批准的决定，并通知申请人。执行紧急救护、抢险救灾、人工影响天气或者其他紧急任务的，可以提出临时飞行计划申请。临时飞行计划申请最迟应当在拟飞行 1 小时前提出；飞行管制部门应当在拟起飞时刻 15min 前作出批准或者不予批准的决定，并通知申请人。

3. 飞行申请

应当在飞行 1 小时前，向负责飞行计划审批部门提出飞行申请，审批部门在起飞时刻 15min 前予以批复。飞行结束时，通报作业结束时间。参照国网公司《架空输电线路无人机作业空域申请和使用管理办法（试行）》（运检二〔2017〕158 号，以下简称《办法（试行）》）中的相关规定，可将申请流程分为以下三步：

（1）任务审批。按照《办法（试行）》中对于空域申请内容的要求，各省（自治区、直辖市）于每年 11 月 5 日前统一上报无人机年度作业计划及飞行空域申请文件由相关部门汇总后统一提交至各战区空军参谋部航管处进行审批。空域申请文件内通常包括作业单位、机型种类、操控方式、作业时间范围、作业区域编号、航线高度及示意图、应急处置措施、联系人和联系方式等。

（2）计划申请。在批复许可的作业飞行空域内开展无人机作业时，地市公司应在作业飞行前 1 天的 15 时前采用电话或传真等方式向作业飞行空域所属飞行管制分区进行作业飞行计划申请。在同一飞行空域范围内且连续多天开展的无人机作业，根据所属飞行管制分区意见可申请常备计划（第一次申请时说明连续工作的起止日期。常备计划申请获批后，无须在每日作业飞行前天的 15 时前申报飞行计划，在作业飞行当天进行飞行动态通报即可）。

（3）飞行申请。现场作业时，班组作业人员应与所属飞行管制分区建立可靠的通信联络，进行飞行动态通报。飞行动态通报一般包括：当日第一次作业飞行前 1 小时，通报飞行准备情况、当日预计作业时间；当日飞行结束时，通报作业结束时间，具体通报时间和内容按空域批复函要求执行。

轻型无人机管控空域：①真高 120m 以上空域；②空中禁区以及周边 5000m 范围；③空中危险区以及周边 2000m 范围；④军用机场净空保护区，民用机场障碍物限制面水平投影范围的上方；⑤有人驾驶航空器临时起降点以及周边 2000m 范围的上方；⑥国界线到我方一侧 5000m 范围的上方，边境线到我方一侧 2000m 范围的上方；⑦军事禁区以及周边 1000m 范围的上方，军事管理区、设区的市级（含）以上党政机关、核电站、监管场所以及周边 200m 范围的上方；⑧射电天文台以及周边 5000m 范围的上方，卫星地面站（含测控、测距、接收、导航站）等需要电磁环境特殊保护的设施以及周边 2000m 范围的上方，气象雷达站以及周边 1000m 范围的上方；⑨生产、储存易燃易爆危险品的大型企业和储备可燃重要物资的大型仓库、基地以及周边 150m 范围的上方，发电厂、变电站、加油站和中大型车站、码头、港口、大型活动现场以及周边 100m 范围的上方，高速铁路以及两侧 200m 范围的上方，普通铁路和国道以及两侧 100m 范围的上方。

第二节　配电网无人机作业安全管理

一、配电网无人机现场作业准备阶段

1. 现场勘查阶段

配电线路作业具有点多、面广、线长、环境复杂、危险性大等特点，从众多事故案例分析，许多事故的发生，往往是作业人员事前缺乏对危险点的勘察与分析，事中缺少危险点的控制措施所致，因此作业前对危险点勘察与分析是一项十分重要的组织措施。

根据工作任务组织现场勘察，现场勘察内容包括核实线路走向和走势、交叉跨越情况、杆塔坐标、巡检区域地形地貌、起飞和降落点环境、交通运输条件及其他危险点等，确认巡检航线规划条件。对复杂地形、复杂气象条件下或夜间开展无人机巡检作业以及现场勘察认为危险性、复杂性和困难程度较大的无人机巡检作业，应专门编制组织措施、技术措施和安全措施。

根据相关要求及具体机巡作业任务，结合机巡作业风险，组织规划及审查飞行航线，开展风险评估，制定风险管控措施，办理机巡工作审批单，严格落实保证机巡作业安全与质量的组织及技术措施，做好机巡作业现场管理工作，确保机巡作业人员精神状况良好，无人机及相关巡检设备状态正常，起降场周边安全围栏遮蔽措施完善，飞行区域气象状况满足作业要求。

2. 工作单的使用要求

每张工作单只能使用一种型号的无人机。使用不同型号的无人机进行作业，分别填写工作单，一个工作负责人不能同时执行多张工作单。在巡检作业工作期间，工作单始终保留在工作负责人手中。对多个巡检飞行架次且作业类型相同的连续工作，可共用一张工作单。

二、配电网无人机现场作业阶段

1. 工作监护要求

工作监护是指工作负责人带领工作班成员到作业现场，布置好工作后，对全体人员不断进行安全监护，这是保证人身安全及操作正确的主要措施。

工作许可手续完成后，工作负责人向工作班成员交代工作内容、人员分工、技术要求和现场安全措施等，并进行危险点告知。在工作班成员全部履行确认手续后方可开始工作。工作负责人应始终在工作现场，对工作班成员的安全进行认真监护并及时纠正不安全的行为，并对工作班成员的操作进行认真监督，确保无人机状态正常，航线和安全策略等设置正确。此外，工作负责人还需核实确认作业范围的地形、气象条件、许可空域、现场环境以及无人机状态等是否满足安全作业要求，若任意一项不满足安全作业要求或未得到确认，工作负责人不得下令起飞。

工作期间，工作负责人因故需要暂时离开工作现场时，应指定能胜任的人员代替，离开前将工作现场交代清楚，并告知工作班全体成员。原工作负责人返回工作现场时，也应履行同样的交接手续。若工作负责人必须长时间离开工作现场时，应履行变更手续，并告知工作班全体成员及工作许可人，且原、现工作负责人应做好必要的交接。

2. 工作间断要求

在工作过程中，如遇雷、雨、大风以及其他任何威胁到作业人员或无人机的安全的情况，但在工作单有效期可恢复正常，工作负责人可根据情况间断工作，否则应终结本次工作。若无人机已经放飞，工作负责人应立即采取措施，作业人员在保证安全条件下，控制无人机返航或就近降落，或采取其他安全策略及应急方案保证无人机安全。在工作过程中，如无人机状态不满足安全作业要求，且在工作单有效期内无法修复并确保安全可靠，工作负责人应终结本次工作。

已办理许可手续但尚未终结的工作，当空域许可情况发生变化不满足要求，但在工作单有效期内可恢复正常，工作负责人可根据情况间断工作，否则应终结本次工作。若无人机已经放飞，工作负责人应立即采取措施，控制无人机返航或就近降落。

白天工作间断时，应将无人机断电，并采取其他必要的安全措施，必要时派人看守。恢复工作时，应对无人机进行检查，确认其状态正常。即使工作间断前已经完成系统自检，也必重新进行自检。隔天工作间断时，应撤收所有设备并清理工作现场。恢复工作时，应重新报告工作许可人对无人机进行检查，确认其状态正常，并重新自检。

3. 航线规划要求

获得空管部门的空域审批许可后，作业人员需严格按照批复后的空域规划航线，在进行航线规划时，应满足以下要求：

（1）作业人员根据巡检作业要求和所用无人机技术性能规划航线。规划的航线应避开空中管制区、重要建筑和设施，尽量避开人员活动密集区、通信阻隔区、无线电干扰区、大风或切变风多发区和森林防火区等地区。对于首次开展无人机巡检作业的线段，作业人员在航线规划时应当留有充足的裕量，与以上区域保持足够的安全距离。

（2）航线规划时，作业人应充分预留无人机飞行航时及返航电量。

（3）无人机起飞和降落区应远离公路、铁路、重要建筑和设施。尽量避开周边军事禁区和军事管理区、森林防火区和人员活动集区等且满足对应机型的技术指标要求。

（4）除非涉及作业安全，作业人员不得在无人飞行过程中随意更改巡检航线。

4. 安全策略设置

无人机在飞行过程中，遇到恶劣环境或突发情况，如阵风、遮挡、电子元器件故障等，容易导致飞行轨迹偏离航线、导航卫星获取数量过少无法定位、通信链路中断、动力失效等。出现以上任一种情况，都将危及巡检作业安全，造成无人机坠机或撞击线路，甚至引发更大模的次生危害。

应急降落返航策略，应至少包括原航线返航和直线返航，可对返航发生条件、飞行速度、高度、航线等进行设置，应急降落策略触发条件可设置。通过设置合理的安全策略，可确保作业过程中无人机的飞行安全，并保障作业人员有效地完成巡检作业。

5. 飞行前检查要求

（1）外观检查：①无人机表面无划痕，喷漆和涂覆应均匀；产品无针孔、凹陷、擦伤、畸变等损坏情况；金属件无损伤、裂痕和锈蚀；部件、插件连接紧固，标识清晰；②检查云台锁扣是否已取下；③检查旋翼连接牢固无松动，旋翼连接扣必须扣牢；④检查电池外壳是否有损坏及变形，电量是否充裕，电池是否安装到位；⑤检查遥控器电量是否充裕，各摇杆位置应正确，避免启动后无人机执行错误指令。

（2）功能性检查：①查看飞机自检指示灯是否正常，观察自检声音是否正常；②需检查显示器与遥控器设备连接，确保连接正常；③无人机校准后，确保显示器所指的机头方向与飞机方向一致；④检查云台及其他任务挂载是否运行正常；⑤检查飞机获取 GPS 卫星数量，不得少于 8 颗卫星；⑥检查图传信号、控制信号是否处于满格状态，并无相关警告提示；⑦将飞机解锁，此时旋翼以相对低速旋转，观察是否存在电机异常和机身振动异常。如有异常，应立即关闭无人机，并进行进一步检查。

6. 飞行作业要求

开展无人机巡检作业时，作业人员应核实无人机的飞行高度、速度等是否满足该机型技术指标要求以及巡检质量要求。无人机放飞后，可在起飞点附近进行悬停或盘旋飞行，待作业人员确认系统工作正常后再继续执行巡检任务。若检查发现无人机状态异常，应及时控制无人机降落，排查原因并进行修复，在确保安全可靠后方可再次放飞。

操控手应始终注意观察无人机的电机转速、电池电压、飞行姿态等测参数，判断系统工作是否正常。如有异常，应及时判断原因并采取应对措施。

采用自主飞行模式时，操控手应始终掌控遥控手柄（使其处于备用状态），在目视可及范围内，操控手应密切观察无人机飞行姿态及周围环境变化，突发情况下，操控手可通过遥控手柄立即接管控制无人机的飞行。

采用增稳或手动飞行模式时，当无人机飞行中出现链路中断故障，作业人员可先控制无人机原地悬停等候 1~5min，待链路恢复正常后继续执行巡检任务。若链路仍未恢复正常，可采取沿原飞行轨迹返航或升高至安全高度后执行返航的安全策略。

三、配电网无人机现场作业后检查及存放

1. 作业后无人机检查要求

（1）每次飞行结束都要按清单清点设备、材料和工具。及时把 SD 卡内的相片及视频移进电脑，避免积压占用过多的内存，为下次使用带来不便。

（2）每次飞行结束后及时检查飞行器的完好情况，如螺旋桨、护架等的完好情况，发现有缺陷的要及时更换修复，如不能修复的应暂停使用此飞行器，避免造成对飞行器的继续损坏，必须待修复好无问题后方可继续飞行。

2. 作业后无人机保养要求

（1）及时清理油污、碎屑，保持各部位清洁；视需要加注润滑油；长期储存时，整机使用机衣进行防尘，轴承和滑动区域喷洒专用保养油进行防腐蚀和霉菌保养；保持机身外观完整无损；保持机身框架完好无裂纹；保持橡胶件状态良好；保持紧固件、连接件稳定可靠。

（2）每次飞行结束后及时检查电池电量及使用情况，每次飞行结束后应及时把飞行器的电池拔出，并把电池放在阴凉通风处，使电池使用后的热量得到充分释放，并及时对使用过的电池进行充电并做好充电记录，不能把使用后的电池立即放在密闭保温的箱体等环境，避免发生火灾。

3. 无人机电池使用要求

（1）充电前应检查电池是否完好，如有损坏或变形现象禁止充电。

（2）充电前核对充电器是否为电池的指定充电器。

（3）环境温度低于 0℃ 或高于 40℃ 时，不应对电池进行充电。

（4）充电区内不应堆放有其他杂物，充电区附近应放置灭火器（如干粉灭火器、沙等用于电方面引起火灾的灭火措施）。

四、作业后数据管控策略

（1）建立数据分析共享平台，并开展机巡数据接入、集中分析、挖掘应用与统一发布，数据平台需符合《中华人民共和国网络安全法》及《网络安全等级保护基本要求》规定。

（2）机巡作业管理系统发布线路机巡发现缺陷及隐患分析报告，应定期开展机巡发现缺陷及隐患核实确认工作，作业人员及时开展核实确认，并按照核实情况及时组织开展处置工作。

（3）定期开展线路机巡作业及缺陷隐患处置情况总结分析，统计通报机巡计划完成率、线路机巡占比、机巡发现缺陷消缺率及消缺及时率等指标；定期开展本单位线路机巡作业总结回顾，持续改进，实现线路机巡作业质量及综合效能最优。

（4）重要数据需满足通用性、可复制性、数据加密等原则，数据备份应存放于指定介质，备份数据介质保管地点应有防火、防热、防潮、防尘、防磁、防盗设施。

第七章

配电网无人机资产管理
与检测维护

第一节 无人机的设备管理

为优化固定资产投入，减少运营成本，提升设备全寿命周期利用率，各电力企业应积极开展无人机及其相关设备的管理工作，并从设备全寿命周期科学管理入手，严格执行入网检测规定，并做好维护与检修工作，最大限度提升设备使用效率和效益，更好地服务于电力生产。

一、无人机入网检测要求

用于配电网线路巡检作业的各型、各类无人机必须符合航空器安全标准。在其正式投入使用前要进行必要的试验检测和鉴定。无人机的试验检测按照小型旋翼无人机巡检系统，大、中型无人机巡检系统试验检测和固定翼无人机巡检系统试验检测分类进行。

1. 检测标准

为规范化开展配电网无人机入网检测工作，本章节对无人机相关的外观和性能试验进行要求，主要对涉及无人机外观、电气安全性、飞行控制等相关功能做了要求，主要内容参考以下标准。

GB/T 191　包装储运图示标志

GB/T 2829　周期检验计数抽样程序及表（适用于生成过程稳定性的检查）

GB/T 4943.1　信息技术设备　安全　第1部分：通用要求

GB/T 2423.1　电工电子产品环境试验　第2部分：试验方法　试验A：低温

GB/T 2423.2　电工电子产品环境试验　第2部分：试验方法　试验B：高温

GB/T 2423.3　环境试验　第2部分：试验方法　试验Cab：恒定湿热试验

GB/T 2423.10　环境试验　第2部分：试验方法　试验Fc：振动（正弦）

GB/T 2423.8　电工电子产品环境试验　第2部分：试验方法　试验Ed：自由跌落

GB/T 10125　人造气氛腐蚀试验　盐雾试验

GB/T 17626.2　电磁兼容　试验和测量技术　静电放电抗扰度试验

GB/T 17626.3　电磁兼容　试验和测量技术　射频电磁场辐射抗扰度试验

GB/T 17626.8　电磁兼容　试验和测量技术　工频磁场抗扰度试验

GB/T 17626.9　电磁兼容　试验与测量技术　脉冲磁场抗扰度试验

《一般运行和飞行规则》（CCAR-91-R2），中国民用航空总局令（第188号），2007

年 9 月 10 日

《Standard Terminology for Unmanned Aircraft Systems1》（ASTM F2395 – 2007）

《Terminology of Unmanned Aerial Vehicles and Remotely Operated Aircraft》（AIAA R – 103 – 2004）

《关于扩展 1800MHz 无线接入系统使用频率的通知》信部无〔2003〕408 号

《工业和信息化部关于无人驾驶航空器系统频率使用事宜的通知》信部无〔2015〕75 号

《关于使用 5.8GHz 频段频率事宜的通知》信部无〔2002〕277 号

2. 检测内容和要求

从一般要求、功能要求和性能要求三个方面，对无人机巡检系统的主要检测内容和技术要求进行说明。

（1）一般要求

一般要求包括外观特性和环境适应性，重点是测试各类小型旋翼无人机巡检系统对巡检作业环境的适应性能。

1）外观特性要求

a. 飞行控制系统各子系统或子模块的外观、尺寸应符合产品设计图纸的规定。

b. 产品外观应干净整洁，表面不应有气泡、裂纹、凹痕、划伤、变现、毛刺、霉斑等缺陷。

c. 金属件不应有锈蚀及其他机械损伤。

d. 产品及其零部件的涂层或保护膜应平整、光洁、无裂纹或气泡。

e. 产品的零部件在正常拼装后应配合整齐，无明显错位。

f. 电缆和线束敷设合理，应有固定和保护措施。

g. 产品及其零部件的可触及部分不应有锐利边缘。

2）电气安全性要求

a. 抗电强度

产品的抗电强度应符合 GB 4943.1 标准要求。

b. 对地漏电流

产品的对地漏电流应符合 GB 4943.1 标准要求。

c. 绝缘电阻

产品的绝缘电阻应符合 GB 4943.1 标准要求。

d. 温升

样品的温升应符合 GB 4943.1 标准要求。

3）环境适应性要求

a. 低温存储测试

试验样品在关机状态下经−30℃低温存储 24h，在常温恢复 2h 后，功能、外观及装配检测应正常。

b. 低温运行测试

a）放入温箱−20℃开机状态试验，每隔 2h 对样品进行状态功能验证。

b）试验结束后进行功能、外观及装配检测应符合要求。

c. 高温存储测试

试验样品在关机状态下经70℃高温存储24h，在常温恢复2h后，功能、外观及装配检测应正常。

d. 高温运行测试

放入温箱50℃开机状态试验，每隔2h对样品进行状态功能验证。试验结束后进行功能、外观及装配检测应符合要求。

e. 高温启动测试

a）温度稳定后每间隔1h开机操作确认产品是否可正常启动，开机后保持开机状态5min后关机。

b）重复5次。

试验结束后进行功能、外观及装配检测应符合要求。

f. 低温启动

a）温度稳定后每间隔1h开机操作确认产品是否可正常启动，开机后保持开机状态5min后关机。

b）重复5次。

试验结束后进行功能、外观及装配检测应符合要求。

g. 高低温循环运行测试

a）在室温下对待测试样机进行结构，外观、功能检查，确保样机一切正常。

b）将待测样机处于开机状态放进温度试验箱（使用外接电源）。

c）温度达到稳定后持续运行（高温2h，低温2h，测试6个循环）期间每2h确认产品功能情况（测试样品不应从试验箱中取出）。

d）将样品从试验箱拿出来后恢复2h再对外观结构、功能检查。

e）试验结束后进行功能、外观及装配检测应符合要求。

（2）飞行控制系统要求

1）一般功能要求

a. 飞行控制系统具有可视化模拟测试接口，可以通过模拟器测试相关功能及应用。

b. 具有根据报警提示信息直接确定故障部位或原因的功能。

c. 飞行控制系统具备完整参数记录功能，用户能够通过特定分析软件对飞行日志进行分析。

d. 飞行控制系统所采用GPS应支持不少于两种GNSS系统、宜支持北斗GNSS。

e. 飞行控制系统宜具备适配RTK功能，RTK设备宜兼容北斗GNSS系统。

2）飞行控制系统测控功能要求

a. 影像传输时延不大于300ms。

b. 无人机数据链应具有信道检测及跳频等抗干扰机制，应保证同一信号覆盖区域至少容纳3～4无人机同时作业且互相无明显干扰。

3）飞行控制系统安全策略要求

a. 飞行控制系统具有关键部件冗余机制，当某一关键部件发生故障或性能不佳的情况下，飞行控制系统能够自主切换到备用部件，且无人机自身状态不发生明显变化。

b. 飞行控制系统应具有自检功能，自检项目应包含（但不限于）IMU 状态、导航定位状态、智能电池状态、动力电机状态、遥测遥控功能，以上任一项不满足要求，遥控器及地面站均能通过明显的文字信息推送进行提示，且飞行控制器系统无法解锁。

c. 具备一键返航功能。在启动该功能后，无人机应立即中止当前任务并返航，返航高度可以通过遥控器或者地面站进行设置，且返航精度圆概率误差（CEP）不大于 2m。

d. 具备飞行区域限制功能。可设置禁止无人机飞行的区域，在航线规划时，若航线接近或者穿越禁飞区地面设备可报警提示。在飞行过程中，当无人机接近禁飞区时可在地面站或手持设备上报警提示，且有防止无人机进入禁飞区的措施。

e. 地面设备具备低电压报警功能，且可以预先对报警电量进行设置，宜具有多级低电量报警逻辑。在飞行过程中，当电池电压低于预设告警电压时，可在地面站或手持设备上报警提示，当电池电量低于最低设置电量时，无人机应具有自动降落功能。

（3）飞行控制系统部件要求

1）遥控器特性要求

a. 无人机遥控器宜采用一体化设计，符合人体工程学，充电后持续工作时间应不少于 3h，天线安装位置合理。

b. 图传、数传链路宜采用一体化设计，通过外接显示器或者集成显示器即可显示无人机机载相机所回传的画面。

c. 回传视频分辨率应不低于 720P，帧率应不低于 30fps。

d. 视距范围内，无遮挡条件下通信距离应不少于 2km。

e. 显示器应采用高亮屏，亮度不低于 $500cd/m^2$。

f. 遥控器应具有通信链路检测功能，当信道质量发生变化时应通过软件直观展示。

g. 射频功率应符合 SRRC 相关要求。

h. 射频频段应满足国家无线电管理委员会强制认证的相关要求。

i. 生产、进口、销售和设置使用的无线电发射设备均须取得工业和信息化部核发的无线电发射设备型号核准证。

2）地面站特性要求

a. 地面站硬件应采用三防设计，防护等级不低于 IP43。

b. 地面站软件 UI 设计合理，界面简洁，同时应具有身份认证功能。

c. 参数显示应包含：无人机当前位置的经度、纬度、高度、水平和垂直方向的速度及无人机当前位置距离起飞地点的距离等。

d. 地面站应实时监控无人机机载电池状态，当电池电量低于预设报警电压时，地面站应给予提示。

e. 地面站应具有通信链路检测功能，当信道质量发生变化是应通过软件予以直观展示。

二、无人机的设备管理要求

按照无人机整体使用阶段的不同，可以将管理工作划分为前期规划及投入管理、无人机运行维护管理、无人机升级与报废管理。

1. 前期规划及投入管理

无人机的前期的规划投入管理主要是包括企业在进行无人采购前进行需求规划，由无人机选型、招标采购、收货安装、验收测试等构成。前期的规划投入管理决定了无人机在其全寿命周期内所需要整体费用，这个费用是完整考虑了无人机前期采购费用以及使用过程中产生的维护保养及后期折旧等费用的总和的结果。按照前期规划投入管理的流程，可以将其划分为三块内容，分别为规划选型期、采购招标期、交付验收期。

规划选型期是企业进行无人机设备需求分析，资产投入规划以及无人机具体选型分析的阶段，需要企业能合理有效的管理与平衡无人机使用需求与资金投入，做好无人机的整体能效分析，评估无人机使用完整阶段的费用情况，决策出最适合企业使用发展的无人机类型参数。无人机的规划与选型阶段决定了无人机设备在企业使用过程中的生产效率、生产品质、可靠程度、能源费用以及设备的易用性、可靠性和故障率等。

采购招标期阶段是企业依据前期分析所得到无人机参数结果及整体预算，管理无人机采购招标，确保无人机实际需求尽可能地在招标内容中反应，同样应标企业应出具具备资质的第三方测试报告来证明产品参数，招标企业在保证无人机满足需求的情况下进行招标比价，筛选出最合适的无人机设备及服务提供商。

交付验收期主要是企业与中标的无人机及服务提供商进行沟通，尽快完成无人机设备的交付及安装测试，需要企业规范管理该阶段的资金及无人机设备收货过程，完善交付周期，提供合理有效的验收规范，确保无人机设备顺利交付，不出现设备交付使用延迟等情况。

2. 无人机运行维护管理

无人机运行维护管理是在企业对交付投运无人机设备整体管控的过程。无人机管理的水平高低决定着无人机设备所能达到的作业成果、使用效率和效益，合理完善的无人机运行维护管理是保障企业在无人机使用可获得经济效益、作业安全以及持续发展的重要环节。从无人机运行维护的不同阶段以及管理工作划分的不同，可以将其划分为三个不同的层面，分别为无人机设备台账管理、无人机运行维护保养管理和无人机统计决策管理。

无人机台账管理是对无人机设备在使用过程中的整体信息进行记录与管理，包含登记记录无人机设备固有信息、无人机设备变更情况、无人机使用知识信息和设备资产编码管理等。通过台账管理可以有效地进行无人机的效能及安全管理，为无人机任务执行及维护保养工作提供依据。

无人机运行维护保养管理主要是对无人机进行运行、维修、保养等方面的具体工作进行管控，以提高无人机的使用效率，保障无人机的安全稳定运行，提高设备的完好率。通过管理调节，降低无人机在使用过程中的整体运营成本。在无人机运行维护保养过程中需要注意对人员、职责、规程以检查制度进行确立完善。

无人机统计决策管理是在无人机整体使用过程中，管理部门需要对无人机整体的运行状况以及作业的实际效益进行统计分析，并针对使用过程中的各类费用、损耗合理的资产、备用设备以及作业任务内容进行决策并做出动态的调整，确保无人机在运行过程中发挥出最大的效益。

3. 无人机升级与报废管理

无人机在经过一段时间运行维护后，由于自身使用时限以及工况的限制，会面临无法满足企业实际任务作业的强度要求，需要对无人机进行升级及报废管理。通过对无人机升级及报废进行管理，可以最大化提高无人机生命周期的利用价值，提升企业使用无人机作业的整体效益。按无人机寿命过程可以将无人机升级与报废管理分为升级管理与报废管理两个阶段。

升级管理主要是针对无人机技术迭代更新较快的现状，通过对部分老旧机型的升级改造，使这些设备可以继续用于生产服务。升级又分为软件升级和硬件升级。软件升级主要是通过软件升级或外挂软件方式提升无人机设备的稳定性及作业效率。硬件升级主要是对部分硬件进行升级改造以获取更稳定或更高效的作业能力。升级管理对于降低企业采购成本、延长设备使用寿命具有积极意义。

报废管理主要是当设备使用达到其使用年限时，设备故障率明显上升，维修成本超出设备购置费用时，必须对设备进行报废更换。报废后的无人机可以进行拆解提取有使用价值的组件作为维修备料或者直接进行变卖或转让，可以为企业节省支出获得一定的收入补偿。合理的报废管理既有利于追溯设备使用历史，也可以为企业节省成本。当设备进行报废后，设备寿命也就正式终结。

三、无人机周期性维保要求

无人机作为一种比较精密的电子机械设备，拥有众多的电子器件与机械结构，要想保证其正常飞行和使用寿命，除了要保证按照规范正常操作使用外，还需要定期对无人机进行维护保养。

无人机维修具体的周期性维护保养主要分为四个等级，不同保养等级时间周期依次增加，保养维护复杂程度也依次增加，但由于具体机型情况不同，本文以较为常用的大疆M200机型维护保养周期为例进行介绍，保养处理细节参考第二节无人机的保养与维护。无人机定期保养分类及要求见表7-1。

日常维护：定期对无人机设备外观及其日常使用基本功能进行检查校准等操作，由无人机操作手及飞行任务团队负责进行保养维护。

一级维护保养：对无人机整体结构及功能进行全面的检查，对飞行器各模块进行校准及软件升级，并对日常维护中无法接触的机器结构内部进行深度清理，保养清洁过程需对无人机进行一定程度的拆卸，需交由专业的维护团队进行保养维护。

二级维护保养：在该保养周期内除了完成一级维护保养的要求外，需增加对无人机易损件的更换处理，维护保养团队需准备好无人机易损件备件，用于保修替换。

三级维护保养：在该保养周期内充分检查整机的结构及功能情况，需对无人机进行深度的拆卸，并在替换易损件基础上，更换无人机动力电机。

四、无人机维修要求

无人机进行检修时对检修人员、检修场地、检修设备、备用材料、检修流程以及相应规范制度等都有相应的要求，主要可以分为以下两个方面。

表 7-1 无人机定期保养分类及要求

保养项目	保养时间	保 养 项 目	技 术 要 求
日常维护	执行飞行任务前	机身、机臂、起落架、云台、电池及相关各附件外观检查	整流罩、螺旋桨、起落架、机臂、电池组无变形、无裂缝 螺栓、卡扣、限位块紧固可靠 连接处、相机和云台上无异物
		摇杆、拨动开关、显示屏检查	摇杆摇动时流畅且有稳定阻尼 拨动开关拨动流畅、无卡顿 显示屏显示清晰
		数据和图像信号链接、图传和数传天线检查	GPS、图像、无人机数据等信号传输稳定无遗漏 地图载入正常、天线和地面中继站连接紧固可靠
	飞行中	飞行姿态、声音检查	飞行中无人机姿态稳定 飞行中无人机无异响
	飞行任务结束后	机身、机臂、起落架、云台、电池及相关各附件外观检查	整流罩、起落架、机臂、电池组无变形、无裂缝 螺栓、卡扣、限位块紧固可靠 连接处和云台上无异物 电池和电机无严重发烫
一级维护保养	每 50 个起落/20h/2 个月	电机、电池、电池充电器外观检查、基础校准	电机线圈上无异物附着 电机转动顺畅平稳 电池进行一次完整的充放电 电池充电器充电电流、电压稳定，充电时长无明显变化
二级维护保养	400h/12 个月	整机检测、升级校准、深度清洁、易损件更换	该项建议由无人机厂家授权服务商进行检测
三级维护保养	600h/18 个月	基础检测、升级校准、深度清洁、易损件更换、电机更换	该项建议由无人机厂家进行检测

1. 检修人员要求

无人机检修需保证参与检修人员具备合格的无人机拆装基础技能，熟悉电子设备检测的方法，接受过对应无人机型号的专题维修培训，通过维修技能考核，可以熟练识别无人机设备各部件，并判断各部件状况，进行故障识别与组件更换。在进行无人机检修时检修人员需要了解无人机检修场所的安全规范以及工作章程，保证检修工作规范有序。在进行电子设备检修时需注意进行防静电保护。

2. 检修设施要求

维修室配备各类专业设备，主要用于开展无人机及相关配件进行日常保养、简易维修和故障排查等工作。无人机基地内所有工器具应定置存放、统一编号、专人保管和登记造册，建立试验、检修和使用记录，并及时更新各类记录。检修场地须保证检修环境相对封闭，空气洁净，环境整洁，配备专用的工作台，以及设备存放支架及场地，充足的照明灯光及供电。检修设备除配备基本的无人机拆卸和焊接等工具及材料外，需配备专业的故障检测设备及对应的检测软件以及防静电设施。维修备件参考无人机设备零件损耗程度及维修精细度，提供检修无人机型号对应的各等级备件及各类消耗材料。如图 7－1 所示。

图 7－1　维修室示例

无人机设备检修人员及设备均需统筹管理，通过技术资料和实际运作，完善形成具体无人机检修操作流程，并制定检修标准及安全作业规范，确保检修工作能积极有效运作。

第二节　无人机的维护与保养

无人机本体主要包含无人机机身、遥控器及相应的电池等，在保养过程中需要做到对设备各部位进行仔细的检查，按照保养内容的不同进行划分，可以将无人机保养分为：机体基本检查、机体升级校准、机体清洁和组件更换四个不同的维护保养流程。电池由于其使用特殊性需单独进行保养工作。

一、基础检测

基础检测主要是对无人机机身及遥控器的外观和外部结构进行逐个检查，确认各部件是否正常，当发现部件损坏时需进行登记并提交维修处理，由于无人机型号及造型的差异，具体检查的结构部位也会有差异，基础检测内容见表 7－2。

表 7－2　　　　　　　　　　基 础 检 测 内 容

基础检查	上盖	检查是否破损、裂缝、变形
	下壳	检查是否破损、裂缝、变形
	桨叶	是否有弯折、破损、裂缝等
	电机	不通电情况手动旋转电机是否存在不顺畅、电机松动
	电调	电调是否正常工作，无异物，无水渍。（针对 M200/M200 V2 系列对防水性能进行维护检测）
	机臂	机臂有无松动或裂缝、变形
	机身主体	整体有无松动、变形、裂缝
	天线	检查是否破损、裂缝、变形
	脚架	检查是否破损、裂缝、变形
	遥控器天线	检查是否破损、裂缝、变形

基础检查	遥控器外观	检查是否破损、裂缝、变形
	遥控器通电后	测试每一个按键，是否功能正常有效
	对频	机身与遥控器是否能重新对频
	自检	确认通过软件 App 或机体模块自检通过并无报错
	解锁电机测试	空载下检查无异响和双桨
	电池电压检测	插入电池可正常通电，电芯电压压差是否正常
	云台减震球/云台防脱绳	减震球是否变形、硬化，防脱绳是否松动破损
	桨叶底座/桨夹	桨叶底座/桨夹是否破损、松动
	视觉避障系统检查（如有）	检查视觉避障系统是否能检测到障碍物
	电池仓	电池插入正常，没有过紧过松，且接口处不变形

1. 升级校准

无人机机身及遥控器等设备 IMU、指南针及遥控器摇杆等组件需要进行定期的校准，以保证良好的运行状态，在进行保养时需要对其进行校准检查，判断 IMU、指南针摇杆、避障模块（如有）等是否能正常校准，并检查其工作状态是否正常。定期更新无人机设备固件来保证无人机功能的更新与稳定。不同无人机机型所需进行校准或固件升级的部件不尽相同，无人机升级校准见表 7-3。

表 7-3 无 人 机 升 级 校 准

校准升级	App 内 IMU 校准	通过遥控器或 App 提示校准，校准是否通过
	App 内指南针校准	通过遥控器或 App 提示校准，校准是否通过
	RC 摇杆校准	在 App 或遥控器上选择 RC 摇杆校准
	视觉系统校准（如有）	通过调参校准飞行视觉传感器
	RTK 系统升级（若有）	通过调参是否升级成功
	遥控器固件升级	通过遥控器固件看是否升级成功
	电池固件升级	通过调参/App 查看所有电池是否升级成功
	飞行器固件升级	通过调参看是否升级成功
	RTK 基站固件升级（若有）	检查 RTK 基站固件是否为最新固件
	云台校准（若有）	通过 App 校准云台

2. 机体清洁

机体清洁主要是指对无人机本体进行完整的清灰去污，将无人机外观及部件状态基本恢复到出厂水平，由于无人机机身并非完全封闭系统，在使用过程中，灰尘污垢会有一定概率进入机身内部，在进行清洁时也需要清理机身内部，确保无人机不会因内部堵塞等原因造成故障。无人机清洁要求见表 7-4。无人机保养前后示例见表 7-5。

表7-4　　　　　　　　　　　　　　无人机清洁要求

深度清洁	胶塞	是否松脱、变形
	旋转卡扣	卡扣是否破损、有外来异物
	电机轴承	清理存在的油污、泥沙等外来物
	遥控器天线	天线是否破损
	遥控器胶垫	胶垫是否松弛、泥沙、灰尘
	结构件外观	连接件是否破损、磨损、断裂、油渍、泥沙
	机架连接件及脚架	是否破损、磨损、断裂、油渍、泥沙
	散热系统	散热是否均匀，没有异常发烫
	舵机及丝杆连接件	外观是否变形、泥沙、油污，启动是否顺滑
	遥控器接口	各接口是否接触不良，连接不顺畅
	电源接口板模块	金手指是否变形、断裂，插入正常，没有过紧过松

表7-5　　　　　　　　　　　　　无人机保养前后示例

保　养　前	保　养　后

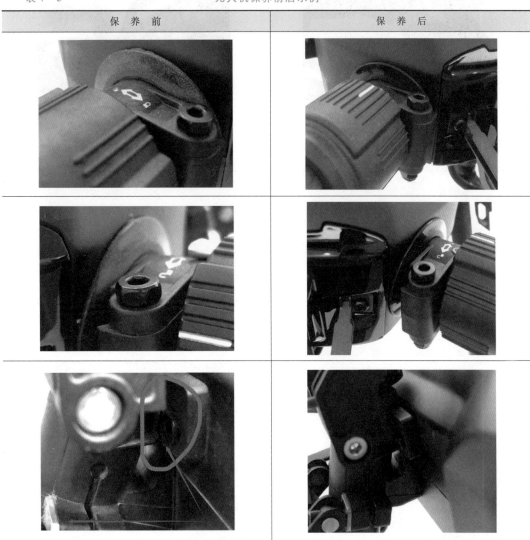

3. 组件更换

组件更换是指对检查中发现无人机设备出现外观瑕疵和功能性故障的组件进行更换处理，在定期保养的过程中也会对无人机机身上易出现老化磨损的固件进行统一的更换处理，确保无人机机体结构强度与稳定性符合作业要求，通常情况下下无人机因其结构差异，产生老化与磨损的组件也不尽相同，通常易出现老化的组件主要是橡胶、塑料或部分与外部接触的金属材质或连接部位的组件以及动力组件等，如减震球、摇杆、保护罩、机臂固定螺丝、桨叶、动力电机等。无人机组件更换示例见表 7-6。

表 7-6　　　　　　　　　　无人机组件更换示例

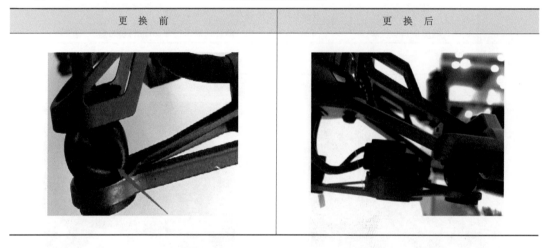

更 换 前	更 换 后

4. 电池保养

电池作为无人机动力，与机体其他机械电子结构不同，其涉及频繁的充放电操作以及插拔等动作，在整体的保养过程中不会像其他组件一样只需要进行定期的保养。锂电池也由于其自身的放电特性，具有其特有的使用寿命以及特殊的工作环境要求，电池保养过程贯穿于整个电池的使用周期，其主要的保养方式分为使用期间的保养以及电池存储期的保养，无人机电池保养要求见表 7-7。

表 7-7　　　　　　　　　　无人机电池保养要求

电池使用保养	电池出现鼓包、漏液、包装破损的情况时，请勿继续使用
	在电池电源打开的状态下不能插电池，否则可能损坏电源接口
	电池应在许可的环境温度下使用，过高温度或过低温度均会造成电池寿命下降及损坏
	确保电池充电时，电池温度处于合适的区间（15～40℃），过低或过高温度充电都会影响电池寿命，甚至造成电池损坏
	充电完毕后请断开充电器及充电管家与电池间的连接。定时检查并保养充电器及充电管家，经常检查电池外观等各个部件。切勿使用已有损坏的充电器及充电管家
	飞行时尽量不要将电池电量耗尽才降落，当电池放电后电压过低时（低于 2V），将会导致电池低电压锁死报废，无法进行充电等操作，且无法恢复。严重低电压电池再次强制充电易出现起火的情况

电池存储保养	短期储存（0～10天）	电池充满后，放置在电池存储箱内保存，确保电池环境温度适宜
	中期储存（10～90天）	将电池放电至40％～65％电量，放置在电池存储箱内保存，确保电池环境温度适宜
	长期储存（大于90天）	将电池放电至40％～65％电量存放，每90天左右将电池取出进行一次完整的充放电过程，然后再将电池放电至40％～65％电量存放
	切勿将电池彻底放电完后长时间存储，以避免电池进入过放状态，造成电芯损坏，将无法恢复使用	
	禁止将电池放在靠近热源的地方，比如阳光直射或热天的车内、火源或加热炉。电池理想的保存温度为22～30℃	
	长期存放时需将电池从飞行器内取出。	

二、无人机任务载荷设备的维护与保养

无人机任务载荷分为各种不同类型，如云台相机、喊话器、探照灯、机载激光雷达、多光谱相机等。不同的设备具体的处理保养方式也不尽相同，特殊的载荷装置需要依据其自身技术特点进行特殊的维护保养，具体的保养模式需与载荷设备提供商沟通，形成针对性的保养处理解决方案。现以无人机常用的挂载设备云台相机为例，描述其基本保养所需检查的部件及保养方式，无人机保养所需检查部件及保养方式见表7-8。

表7-8　　　　　　　　　　无人机基本保养所需检查部件及保养方式

挂载部件检查	云台转接处	是否有弯折、缺损、氧化发黑，是否可安装到位
	接口松紧度	是否可安装到位，无松动情况
	排线	是否有破裂或扭曲、变形
	云台电机	手动旋转电机是否存在不顺畅、电机松动，异响
	云台轴臂	是否有破损、磕碰或扭曲、变形
	相机外观	是否有破损、磕碰等
	相机镜头	是否刮花、破损
	外观机壳	检查是否破损、裂缝、变形
挂载性能检测	对焦	对焦是否存在虚焦
	变焦	变焦是否正常
	拍照	拍照正常，照片清晰度正常
	拍视频	拍视频正常，视频清晰度正常
	云台上下左右控制	YRP各轴是否转动顺畅，是否有抖动异响，回中时图像画面是否水平居中
	SD卡格式	格式化是否成功
挂载校准升级	ROLL轴调整	ROLL轴调整是否正常
	云台自动校准	云台自动校准是否成功通过
	相机参数重置	相机参数是否重置成功
	云台相机固件版本	固件版本是否可见
	固件更新及维护	确保固件版本与官网同步

三、无人机其他相关设备的维护与保养

无人机其他相关设备主要是指在保障无人机任务及内部维护时所需使用的相关设备，主要包括配套的充电器、连接线、存储卡、平板/手机、检测设备（如风速仪）、电脑、存储箱、拆装工具等。在无人机保养维护过程中，需要根据不同类型的设备的实际需求进行保养，保养的主要原则是：确保设备完整整洁，功能正常，定期检查设备状态，及时更换问题设备，确保无人机能正常顺利地完成工作任务。

第三节　无人机的故障诊断与维修

无人机是机械动力结构与电子设备的结合体，涉及诸多的电力组件与电子芯片以及无线电信号设备。且无人机作为自动化控制系统，其飞行器核心部件是飞行控制器，当设备出现故障时，通常会由飞控进行故障判断并发出提示指令。由于无人机故障特征非常多样，故障生成的原因也无法直观的通过简单的观察与拆解来进行诊断与修复。无人机的故障诊断与修复方式往往结合了硬件修理与软件修复的过程。

一、无人机故障诊断设备

无人机在出现故障时，往往先由无人机控制器的软件系统提示，需要通过识别软件提示的错误信息，再进行进一步的硬件故障排查与修理，在无人机维修过程中进行故障诊断的设备也分为软件与硬件层面。

1. 故障诊断软件

无人机的故障诊断软件通常是由维修内部调参软件（见图 7-2～图 7-6）、数据日志分析诊断软件以及飞行状态模拟软件构成。通过通用或专用的信号传输接口，软件可以与无人机飞行控制系统进行通讯获取到无人机飞行控制系统的各类状态信息及内部参数，也能通过读取飞控记录数据日志，由数据日志分析软件检查飞行器故障时飞行器当时的具体

图 7-2　某型号无人机调参软件主界面

图7-3 某型号无人机调参软件日志导出界面

图7-4 某型号无人机调参软件飞行数据界面

状态。在进行故障复现时也可以通过飞行模拟软件模拟出无人机飞行控制的环境，促使故障显示。

2. 故障诊断硬件

无人机故障诊断硬件除了用于提供软件载体的专用计算机及连接设备外，还包含检测机身结构及动力故障的硬件设备，包含动力系统调试设备、机身结构检测设备（探伤仪、固定治具等），通过无人机专用的硬件诊断设备，维修检测人员可以方便的查看无人机动力系统是否有异常，机身内部结构是否有损坏等。

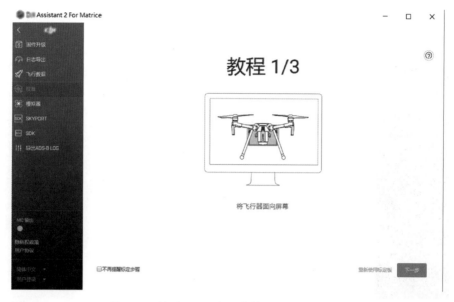

图 7-5 某型号无人机调参软件视觉校准界面

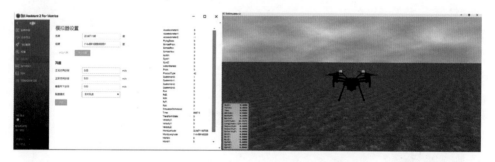

图 7-6 某型号无人机调参软件飞行模拟器界面

二、无人机常见故障诊断

无人机由于其型号及提供商的差异，往往故障类型差异很大，但依旧会有部分共性的问题会出现，可以通过分析设备提示情况以及初步检测来确定问题的所在。以下有几个常见故障案例供参考：

1. 开机后解锁电机不转

（1）是否正确执行掰杆动作（内八或外八解锁）。

（2）接调参软件或 App 查看主控异常状态，并根据调参或 App 指示检查具体故障。

（3）检查遥控器杆通道滑块是否能满行程滑动，检查通道是否反向。

（4）检查电调是否可正常工作，是否存在兼容性问题。

（5）遥控器是否已正确对频。

2. 无人机飞行时异常震动

（1）重新校准 IMU 和指南针，检测故障是否仍旧出现。

（2）检查 IMU 及 GPS 位置是否保持固定，连接相应调参软件检查 IMU 及 GPS 安装位置偏移参数是否正确。

（3）检测无人机结构强度，通过拿起无人机适当摇晃，看是否无人机机臂及中心是否有松动。可以在空载和满载的时候都这样试一下。如发现有明显结构变形，应当对无人机结构重新安装加强。

（4）如故障依旧，需要查看飞控感度/PID值变化，进行重新设置。

3. 无人机出现 GPS 长时间无法定位

（1）请确认当前环境是否处于空旷无建筑物区域，并将飞行器远离电塔、信号基站等强辐射干扰源。

（2）观察 GPS 搜星状态，是否能接收到少量卫星信号，并尝试更换放置位置，是否出现卫星变化，如卫星数有增加建议继续等待。

（3）如果卫星数长时间为 0，且重启后故障依旧，需尝试刷新无人机机身固件，并检查 GPS 与机身飞控连接是否正常。

4. 无人机开机出现鸣叫声

（1）重启飞行器，检查故障是否依旧。

（2）连接调参软件或 App 检查是否有提示电调异常或飞控错误。

（3）重新刷新飞行器固件，检查故障是否依旧。

（4）检查电调与飞控间连线是否有松动或断裂。

（5）调试电调，检查电调是否异常。

5. 无人机电池无法正常充电

（1）检查电池指示灯是否有提示，并结合指示灯信号指示说明确认，电池具体的错误状态。

（2）检查电池充电器或充电管家供电是否正常、有备用充电器或电池可以交叉测试。

（3）检查当前环境是否温度过高或过低超过电池正常充电温度范围。

（4）如电池指示灯不亮，可以先尝试将电池插入充电器等待 30min，再检查电池是否有正常电量提示。

（5）如电池指示灯完全无反应，且充电器确认完好，则确认电池供电问题，需要专业人士进行检查维修。

三、无人机常见故障排除方法

1. 无人机无图传显示

（1）检查遥控器或图传连接设备是否有正常对频成功，如有异常重新对频。

（2）检查姿态线和图传线是否连接完好，确保无破损现象。确保云台相机正确安装并可以通过自检，如出现连接异常，请检查云台接口的金属触点是否有变形和氧化现象，并尝试重新安装云台相机。

（3）检查图传设置是否正确。如果安装的云台相机为 DJI 云台，则需在 App 内检查图传信号是否设置为 EXT。若条件允许，尝试更换遥控器与飞行器对频进行替换测试。

（4）若在固件升级之后出现无图传，请确保图传与飞行器、遥控器固件升级正常，属于兼容版本。

（5）如果在飞行过程中出现"无图传信号"，排除环境干扰，建议切换图传信号通道，若信道质量依然较差，请检查遥控器天线位置摆放，将飞行器往远前方飞行，保持遥控器天线与天空端的天线平行；飞行器若在头顶，请将遥控器天线打平放置，使得飞行器信号接收在最佳范围内。

（6）若依旧干扰严重，则可能是环境干扰严重，考虑更换作业场地。

（7）如通过图传设置的外置信号接口（HDMI）可以正常输出信号，则需判断是否遥控器或图传显示端出现故障，需专业人士维修。

（8）如飞行器是在发生碰撞后导致无图传，建议将图传模块进行具体故障检测。

2. 无人机解锁后无法起飞

（1）检查遥控器油门杆是否能够控制电机转动，如果没反应则可能是遥控器杆量或通讯异常，尝试重新校准摇杆。

（2）如油门杆能够控制电机，但电机加速不明显无法飞行，请确认遥控器操作手模式是否设置出错，修改为正常的操作手模式。

（3）如油门杆打杆电机的转速能正常加速，则需检查飞行器桨叶是否装反，如果检查无误，则尝试重新校准 IMU 再尝试。

（4）检查飞行器整体载荷是否有超过飞行器许可的起飞重量。

3. 遥控器无法正常控制云台

（1）检查是否能通过 App 正常控制云台参数，如正常，则尝试重新校准遥控器或调整遥控器按键映射选项，看是否正常。

（2）如无法通过 App 调整则检查云台安装是否正常，尝试重新安装或更换云台，测试是否为云台故障。

（3）如更换云台依旧无法正常操控则检查云台，尝试刷新飞行器固件后进行检查。

（4）检查云台与飞控的控制连接线是否正常连接，是否出现故障。

4. 无人机飞行限高

（1）确认当前飞行环境不属于限高限飞区范围。

（2）检查飞行器是否正常激活或是否处于训练模式。

（3）检查飞行器是否正确连接 App 且没有异常信息。

（4）通过 App 或调参检查飞行器是否设置了限制飞行高度。

（5）尝试升级飞行器固件及 App，看故障是否解决。

5. 无人机飞行时掉高

（1）确认无人机飞行环境是否存在大风或气温突变的情况，影响气压计高度判断。

（2）检测飞行器散热通风模块是否有堵塞影响气压计判断。

（3）确认飞行器处于正确的飞行模式，检查操控油门是否有偏移。

（4）尝试重新校准 IMU，对于部分有下视距离的传感器机型，尝试进行校准设备。

（5）检查飞行器使用时长，升级飞行器固件。

第八章

配电网无人机作业队伍建设

第一节 配电网无人机作业队伍现状

目前全国范围内尚未大规模、体系化开展配电网无人机巡检作业，国网浙江省电力公司、江苏省电力公司、广东电网机巡作业中心等单位于 2019 年试点开展配电网无人机巡检作业。上述单位的无人机作业队伍普遍由电力企业员工和外委机构员工组成，作业人员多由输电线路无人机巡检作业人员转岗而来或同时负责输电线路及配电网无人机巡检作业。

在作业人员资质认证方面，各企业尚未开展配电网无人机巡检作业专业技能资质认证工作。但各企业均要求作业人员需持有中国民用航空局飞行标准司签发的无人机驾驶员执照，同时要求经各企业组织的电力巡检作业培训合格后方可上岗。

第二节 配电网无人机作业人才培养体系

一、配电网无人机作业人才评价标准

1. 团体标准

中国电力企业联合会于 2018 年 12 月发布《电力行业无人机巡检作业人员培训考核规范》，该规范对电力行业从事无人机巡检作业人员的能力标准、能力评价大纲、能力等级证书有效期等内容作了明确规定。适用于应用旋翼无人机和固定翼无人机对电力架空输电线路、架空配电线路和变电一次设备开展巡检的作业人员能力标准和等级评价工作。

根据无人机巡检工作内容的重要及复杂程度等要素，将电力行业无人机巡检作业人员的能力等级分为 I 级、II 级和 III 级。其中 I 级适用于无人机巡检初级作业人员，II 级适用于无人机巡检中级作业人员，III 级适用于无人机巡检高级作业人员。无人机巡检作业人员应具备的能力项见表 8-1。

2. 企业标准

根据《关于分类推进人才评价机制改革的指导意见》（中办发〔2018〕6 号）、《关于在工程技术领域实现高技能人才与工程技术人才职业发展贯通的意见（试行）》（人社部发〔2018〕74 号），国家电网公司制定了《国家电网有限公司关于组织开展技能等级评价工

表 8-1　　　　　　　　　　　无人机巡检作业人员应具备的能力项

序号	能力种类	能力项
1	基础能力	电力系统及设备
		电力安全工作规程
		无人机运行法规
		空域申请与使用
		无人机飞行操作
		拍摄技术
2	设备使用与维保	结构、原理
		无人机使用与维保
		任务设备使用与维保
		无人机巡检系统调试
		保障设备使用
3	无人机巡检作业	巡检任务制定
		精细化巡检
		通道巡检
		应急处置
4	缺陷与隐患查找及原因分析	缺陷与隐患识别
		巡检数据处理与分析
		缺陷与隐患原因分析及报告编制

注　"电力系统及设备""电力安全工作规程"能力项中，运检岗位输配变专业人员仅需掌握与本专业工作相关的基础知识。比如，架空输电线路专业人员仅需掌握架空输电线路基础、电力安全工作规程（线路部分）和无人机作业安全工作规程。

作的通知》（国家电网人资〔2018〕1130 号）、《国家电网有限公司技能等级评价管理办法》等文件。在相关文件中，国家电网公司将无人机巡检工列为评价工种之一，打通了一线无人机巡检技术技能人员技能水平评价的通道。根据公司要求，评价等级分为五级，并对评价方式、评价标准、评价内容等做了规定和建议。

（1）评价方式。

根据相关文件有关要求，评价类别分为初次评价、晋级评价和转岗评价 3 类，其中，初次评价是指首次参加的定级评价；晋级评价是指符合晋级申报条件时申请参加高一等级的定级评价；转岗评价是指转岗后参加新工种的定级评价，需符合晋级评价申报条件且累计从事新工种工作满 2 年。

技能评价等级从低到高设置五级，依次为初级工、中级工、高级工、技师和高级技师。

（2）评价内容。

根据相关文件，技能等级评价是对技能岗位人员的职业素养、专业知识、专业技能、工作业绩和潜在能力等进行考评。高级技师评价原则上采取职业素养评价、专业知识考试、专业技能考核、工作业绩评定、潜在能力考核等方式进行。技师评价原则上采取专业知识考试、专业技能考核、工作业绩评定、潜在能力考核等方式进行。高级工及以下等级评价原则上采取专业知识考试和专业技能考核等方式进行。

（3）评价基地及管理。

为更好地完成各项评价工作，国网公司制定了《国家电网有限公司技能等级评价基地管理实施细则》《国家电网有限公司技能等级评价考评员管理实施细则》《国家电网有限公司技能等级评价质量督导实施细则》等文件。

文件中确立了由评价指导中心、评价中心、评价基地构成的评价组织机构。其中评价基地分为两级，A级评价基地可承担各等级评价工作，B级评价基地可承担技师及以下等级评价工作。

评价指导中心主要职责是：负责A级评价基地管理；指导A级评价基地开展资源建设和评价实施工作；开展评价基地质量督导和年检工作。

评价中心主要职责是：负责B级评价基地管理；指导B级评价基地开展资源建设和评价实施工作；开展B级评价基地质量督导和年检工作。

评价基地主要职责：严格执行公司技能等级评价相关规定，完善内部管理制度；在授权范围内，组织实施评价工作；做好评价信息、档案的维护和管理工作。

二、人才培养资源建设

1. 培训基地建设

为指导和规范电力行业无人机巡检作业人员评价基地的建设，中国电力企业联合会于2019年4月17日发布《电力行业无人机巡检作业人员评价基地评估指标》，并于2019年11月评估认定了3家基地作为开展电力行业无人机巡检作业人员评价工作的机构，见表8-2。

表8-2 第一批电力行业无人机巡检作业人员评价基地

序号	基 地 单 位 名 称	编号
1	国网湖北省电力有限公司技术培训中心/中国电力科学研究院有限公司武汉分院	01
2	中国南方电网广东电网公司培训与评价中心/中国南方电网广东电网公司机巡作业中心	02
3	山东济宁圣地电业集团有限公司/国网智能科技股份有限公司	03

三家基地均具有用于多旋翼无人机和固定翼无人机巡检作业培训的长期空域，拥有适用于配电网无人机巡检作业的培训线路段和杆塔、无人机航迹测量装置、培训效果考核评定系统、"8"字飞行训练区等专业的培训设备设施，满足《电力行业无人机巡检作业人员培训考核规范》中开展配电网无人机巡检作业人员评价和培训的场地和设备要求。

为进一步规范电力无人机巡检作业人员培训基地的建设，中国电工技术学会正组织编写《电力无人机巡检作业人员培训基地建设规范》，该规范将从建设内容与要求、培训与考核管理、培训实施、安全管理、后勤保障等方面对基地建设提出更为明确的要求。

2. 师资队伍建设

为规范电力行业无人机巡检作业人员指导教师队伍，中国电力企业联合会于2019年6月在国网技术学院开展首期电力行业无人机巡检作业人员培训指导教师实训班，并认定了首批 60 名来自 16 个省份、28 个企业单位的指导教师。

3. 学习资源建设

（1）行业学习资源。

中国电力企业联合会编写出版的《电力行业无人机巡检作业人员培训考核规范》配套教材，由来自国家电网有限公司、中国南方电网有限责任公司、内蒙古电力（集团）有限责任公司等电力企业的无人机专家共同编写。对无人机巡检系统、安全工作规程、输电线路巡检、配电线路巡检及无人机的维修保养等作业内容进行详细阐述，具有较高的权威性和指导意义。

同时，中国电力企业联合会组织编制出版了《〈电力行业无人机巡检作业人员培训考核规范〉（T/CEC 193—2018）辅导教材》，组织正在编制《无人机巡检作业相关法规政策及标准汇编》《电力行业无人机巡检标准化作业方法》《电力行业无人机巡检设备详解》《电力行业无人机巡检系统维护保养方法》《电力行业无人机巡检作业典型案例》等系列丛书，为规范无人机巡检作业提供了重要依据和帮助。

（2）企业学习资源。

目前针对配电网无人机巡检作业人员培训的配套教材较少，大部分企业的培训项目通过组织内部专家和培训师自主开发学习资源，企业培训的教材、课件、题库及案例由外购或咨询机构提供。

4. 人才发展服务信息平台建设

中国电力企业联合会技能鉴定与教育培训中心是中国电力企业联合会职能部门，主要组织开展电力行业特有职业（工种）的职业技能鉴定工作，负责相应国家职业资格证书的核发与管理；负责组织电力行业职业技能竞赛活动，开展电力行业技术能手评选表彰工作，承担国家级技能人才评选推荐申报工作；受政府部门委托，承担全国电力职业教育教学指导工作，组织开展高等职业教育专业目录修订、电力院校学生技能竞赛等工作；负责组织开展电力行业教育培训的调查研究、咨询、评估与服务工作，组织制定电力行业有关教育培训标准和规范，编写培训教材；负责电力行业人力资源信息统计、分析及发展报告编制等工作。

为帮助电力企业有效评价和培训员工，帮助电力行业人才职业生涯周期的能力提升和职业发展，促进电力行业之间优质资源的共建共享，中电联技能鉴定与教育培训中心牵头建立电力行业人才发展服务平台，其功能架构如图 8-1 所示。

（1）以"培评分开、数据共享"为原则打造双平台。

培评分开一方面优化了考核和评价行业自律环境，一方面也体现了公平、公开、公正的施考原则；培评数据的共享对于提升培训针对性和培训效率，为电力职工提供个性化服务奠定了良好的基础。

（2）以"科学、严谨、严格"为原则建设评价平台。

评价平台的主要功能分为政策宣贯、公告发布、报名管理、资格审核、理论考试、实操考核、成绩管理、题库管理、证书管理、基地管理、考评员管理、权限管理等功能模块（图 8-2）。分为用户端和管理端，其中用户端分为 PC 端、手机 App 端和 PAD 端，管理端为 PC 端。手机 App 端重点提供公告发布、报名管理、成绩管理、证书管理功能；PAD 端重点面向考评员提供实操考核功能；PC 端兼容除实操考核外的所有功能。评价平

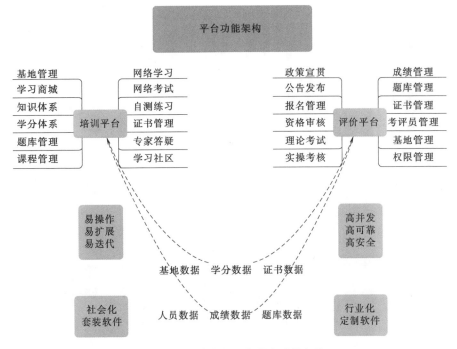

图 8-1 人才发展服务平台功能架构

台设计重在流程设计；用户体验关键在于快速定位功能入口，快速查找需要信息；UI设计风格庄重、简洁；功能方面应着重考虑理论考试和实操考核的复杂功能需求和高并发、高可靠、高安全性的性能需求。

（3）以"功能实用、体验优良"为原则建设培训平台。

培训平台的主要功能分为知识体系、学习路径、网络课件、自测题库、网上培训班、面授培训辅助、培训基地管理、培训师管理、学习社区、专家答疑、学分和学习证书、积分商城等功能模块（图8-3）。培训平台分为用户端和管理端，其中用户端分为PC端和手机App端，管理端为PC端。所有模块均提供手机App端服务。培训平台设计重在资源呈现；用户体验关键在于主动查找和被动接收学习资源和兴趣内容；功能方面应着重考虑大数据应用、学习社区应用、积分商城应用等，提升针对用户数据的个性化推送，增强使用黏性，引导知识付费，以及用户信息安全和网上支付安全等要求。

（4）以"体系完善、路线清晰"为原则建设资源体系。

资源体系主要包括评价规范、培训规范、评价题库、培训教材、培训课件、培训案例等。培训资源的呈现要体现出体系化和碎片化的有机结合。其中，评价平台的资源主要包括评价标准和评价题库，培训平台的主要资源是培训规范、培训教材、培训课件、培训案例和自测题库。资源的开发遵循标准化技术路线，使用互联网协作工具，以评价标准为出发点和落脚点，资源的分级、分类和出入库管理建立在以评价标准为基础的知识体系和学习路径之中。培训规范和评价标准对接，自测题库和评价题库对接，培训教材、课件、案例依据培训规范开发。形成评价平台和培训平台逻辑相洽、体系统一、业务贯通的资源流和数据流。

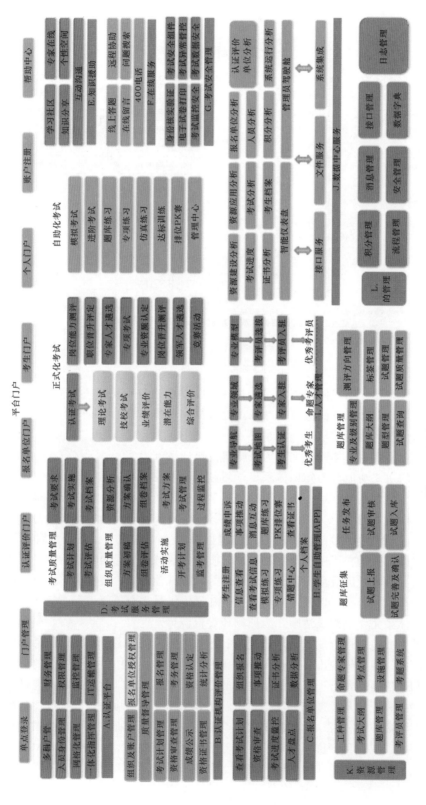

图 8 - 2　平台一期建设认定考试功能

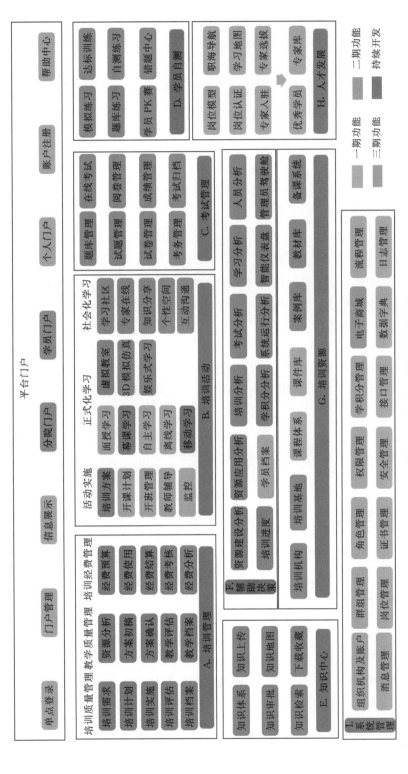

图 8 - 3　平台一期建设教培功能

第九章

配电网无人机前景展望

第一节 巡检业务需求展望

配电网低矮的特性，导致无人机在配电网专业推广，不能完全照搬主网经验，应该根据作业需求，因地制宜，总体思路为：

在经济发达区域，特别是城镇区域，配电网结构坚强，人员地面巡查交通便利，配电网无人机应重在故障查找、红外测温等特殊运维方向，同时 GPS 信号遮挡严重，不利于无人机作业，不宜作为常规巡检手段。

在经济不发达的农村、山区等区域，电网结构薄弱、设备老旧、运维力量薄弱，应优先考虑利用无人机开展大范围巡查，但须重点针对信号问题进行优化，对无人机的作业方式进行调整，开展远程自动化作业，提高作业效率和质量，使之作业适应性更强。

配电网机巡在城郊、山区发展的大趋势是"人巡为主、机巡刚开始""机巡＋人巡结合""自动机巡为主、人工机巡为辅"，在城市发展的趋势是"故障巡视为主、消缺小规模应用"。

图 9-1 巡检业务周期覆盖内容

总体来说，配电网无人机应用未来蓝海一片，应继续探索线路规划设计、基建安全巡查、工程竣工机巡验收、网格化日常巡视、特殊区段特巡及勘灾、本体健康监察巡视等方面无人机的应用场景，将无人机应用全面融入配电网线路设备全生命周期管理，大大提高配电网智能化、精益化管理水平，具体来说包括以下几个方面（见图 9-1）：

（1）线路规划设计阶段，使用无人机对配电网通道开展调研建模，了解线路架设中可能发生的树木砍伐和青苗补偿，以及交叉跨越情况，取代人工勘察，为线路设计提供第一手的逼真现场资料。

（2）线路施工过程中，使用无人机开展通道快速巡检，掌握施工进度、查找施工存在隐患，以及发现违章施工作业情况。

（3）竣工验收，使用手动飞行或者自动精细化巡检的模式，对建设完成的配电网线路，开展精细化验收，提高验收质量，确保把本体缺陷及现有通道隐患消灭在验收移交阶段。

（4）无人机网格化日常巡视。在具备条件的地区推广无人机自动巡检技术，利用多旋翼无人机倾斜摄影技术采集配电网高精度点云，然后规划自动化巡检的精细化航线和通道航线，使用可见光或红外无人机开展精细化日常巡视和通道树障巡视，此技术方向前景广阔，适用于广袤的山区、农村等乡镇区域。

（5）特巡区段运维管控。针对重复跳闸线路、保供电线路开展机巡特巡，将特巡发现的缺陷照片，在完成缺陷标示和命名后用以持续完善配电网设备缺陷样本图库。

（6）对线路开展监察性巡视，综合各类类型的巡视大数据，使用设备状态评估方法，对线路的健康状态开展评估，调整管控风险等级，确定线路巡视策略与周期。

精细化和通道巡视将主要通过无人机巡视完成，故障巡视现阶段主要由人工操控无人机完成，后期无人机将根据故障定位结果，配合自动化机场自动化完成。无人机未来的机巡占比将超过 70％ 及以上，无人机技术发展的越迅速，解决的痛点越多，智能化程度越高，机巡占比将越高。

从业务的推广模式来看，目前由于各地市局供电所本身的人数限制，供电所层面配备的无人机及无人机操控手数量都较少，想要大规模推广无人机应用，难以成规模。推荐将机巡资源都集中在县区局或者地市局层面，组建"大机巡"，让机巡日常巡视与故障巡视、检修消缺分开，让机巡扮演"监督"的角色，一是集中力量办大事，二是消除缺陷管理"两张皮"的问题，数据直达更高层面，穿透式管理让更高层面管理者掌握配电网设备的真实情况。

第二节　配电网无人机巡检技术发展展望

现阶段无人机在电网设备应用的主要短板为"无线信号传输距离近"与"续航"的两大拦路虎，有无配电网低矮特性，仅从地面发射信号与无人机通信，各种树木与建筑物的遮挡导致信号难以有效远距离传播，物理遮挡难以突破；无人机续航由于电池技术本身未有革命性突破，从无人机本身优化来看，现阶段长续航的无人机，性价比较低，同时体积大，如有意外，会造成配电线路跳闸，安全性存在较大风险，亦不宜大规模推广应用。

现阶段配电网的分布主要如图 9-2 所示，一条主线连接多条支线，走向一般沿公路、峡谷穿行，支线一般较短，支线还有可能再次分支，汇集特性较为明显，整体形状与小河汇集成大河相似。

要想提高配电网无人机巡检的机巡与人巡占比，扩大无人机作业覆盖率、扩大无人机作业半径范围，考虑以下几种发展技术趋势：

（1）在无人机机型的选择上，多旋翼无人机将全面取代固定翼无人机，在大多旋翼和小多旋翼选择上，优先选择续航、抗风能力、信号传输强的小多旋翼。

（2）在手动飞行与自动飞行的发展方向上，优先选择自动飞行模式。通道亚米级精度自动巡检，可以让无人机脱离遥控器信号，断信号继续执行任务，如果从 1 号塔起飞，30

图 9-2　配电网线路示意

号塔降落，可以最大限度将无人机的作业续航时间用尽，将作业半径扩大 1 倍以上；精细化巡检，如果在分析完线路的地理走向与遮挡情况，可以一线一方案因地制宜的部署RTK 高空广播站，让无人机精细化绕塔飞行用尽续航时间，继续扩大作业半径，提升覆盖率。

（3）自动化机场与 RTK 广播站部署策略。在线路较为稀疏的区域，自动化机场可以是移动的；在线路较为密集的区域，自动化机场是固定的，并集成 4G/5G 通信技术，成本进一步降低后，可实现远程在线巡视。但自动化机场及 RTK 广播站的部署，一定不是均匀的矩形网格化部署，而是根据线路的具体地理走向和无线信号传输情况来部署，一条线路的完整自动化覆盖应该是：N 个固定自动机场＋N 个移动自动化机场＋N 个固定的高空 RTK 广播站组成的大规模覆盖技术方案。

第三节　配电网机巡大数据智能化分析应用

机巡作业的数据类型主要有可见光、红外、激光点云三大类设备的数据，分析后从中可以提取出设备的位置、缺陷和隐患等信息，服务于生产运维，同时，在推广电力行业开发的巡检配套软件后，可以实现机巡作业记录等大数据分析，实现对作业量、人员、无人机设备自身的大数据自动化静默管理，如图 9-3 所示，主要发展趋势如下：

（1）可见光及红外光缺陷自动 AI 识别。配电网刚起步，未来的空间巨大，配电网设备由于型号类别要比主网输电设备更多、更复杂，也就意味着缺陷 AI 识别的难度和工作量更大，考虑到细分设备类别、细分设备缺陷类别，在各种级别的细分后，配电网缺陷的识别算法将高达上百种。AI 识别技术进步，需在大量的数据积累后才具备实用化的基本条件，未来 1～2 年是收集数据的关键阶段，部分 AI 识别算法在 2～3 年后逐渐成熟，5

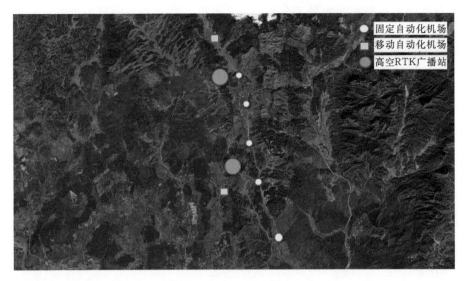

图 9－3 配电网巡检智能化示意

年左右基本稳定可以推广使用。

（2）随着通信技术和前端嵌入式芯片 GPU 算力的快速迭代，以及算法自身的优化，AI 实时在线识别算法将走向两个主流技术方向：算法优化＋前端硬件识别处理、前端采集数据＋4G/5G 传输＋后端识别。从技术的可靠性来看，最终将回归到第一个方向，但需要无人机厂商全力配合，开放微型无人机自身的 AI 计算能力，以及让中大型无人机外挂更强算力机的 GPU 计算机，做好技术铺垫。

（3）无人机设备生命周期自动化管理。无人机自身记录了非常丰富的自身状态信息，若无人机作业管控系统将这些信息收集，将实现无人机自身健康状态的自动化管理，如某无人机的出入库记录、每次作业人员、作业架次、飞行里程，飞行 RTK 及 GPS 轨迹、IMU 惯导等数据，让管理单位对无人机的使用情况了如指掌，也对无人机的作业环境和机身状态一清二楚，给维护保养和报废提供大数据支撑。

另外，如针对无人机电池管理，实现电池管家的能力，通过飞行日志，记录每架次电池的电芯电压、放电电流、充放电次数、放电曲线、匹配飞机情况，管理电池自动充放电时间，掌握电池健康状态，确保安全作业。

（4）作业人员管理。通过分析飞行大数据，统计某人员作业量、作业架次、飞行时长和意外情况，判定人员作业水平和作业量，给员工绩效提供数据支撑。

（5）作业数据管理。根据分析轨迹，计算供电局、供电所各类型作业的作业总量、作业分布区域、作业周期、计算机巡覆盖率和机巡周期是否满足策略要求，作业机型是否满足作业区域环境的适应性，以及信号覆盖的通透情况。

电池如何配合无人机，无人机如何配合操控手，无人机如何配合线路所处地形，人巡与机巡的策略如何培训，都需要大数据的支撑。

机巡大数据已经成为与土地、劳动力、资本和技术比肩的生产要素，甚至可以讲，所有生产要素都可以以数据的形态表现出来。数据将是未来配电线路智能运维的核心资产，也是电网的核心资产，掌握了大数据，才可以画像，对电网设备画像、对无人机画像、对作业人员画像，才有可能进一步推动技术进步，让技术与生产更深度的融合，对线路本身的状态风险评估更加精准、翔实，才有可能制定更加精准的巡视策略，让技术覆盖范围最大化，巡视效率最大化，巡视效益最大化。

附录

配电网无人机应用创新方向

随着无人机行业应用的快速发展，未来无人机在配电网应用空间巨大，应用前景可期。为全面促进配电网无人机技术创新与应用实践落地，根据 5G 通信、人工智能、移动互联、大数据等最新技术发展趋势，围绕配电网无人机应用需求，从配电网无人机装备智能化、作业自主化、数据处理实时智能化和作业管控信息化等方面，面向配电网无人机应用管理单位、一线生产单位、科研院所、生产制造商等全面征集，形成配电网无人机应用创新方向，打造配电网无人机应用技术支撑体系，支撑引领配电网无人机应用发展。

技术名称	技术介绍	申报单位
配电网无人机巡检全业务应用支撑体系研究与建设	目前，配电网无人机巡检尚处于试应用阶段，无人机巡检装备智能化水平不高、作业自动化水平和规范化有待提升，尚未形成一体化的应用支撑体系。 **解决手段** （1）建立配电网无人机巡检技术标准体系。 （2）开展配电网无人机装备关键性能评测技术研究，如抗风性能、飞行控制偏差。 （3）开展现场环境自适应拍摄、基于 AR 的巡检现场交互操控、基于 5G 的作业远程监控等新技术探索研究。 （4）开展基于边缘计算的机载前端巡检影像实时识别模块研制及技术研究，构建巡检影像大数据训练识别平台。 **预期成果** 形成配电网无人机技术标准、装备性能评测、关键技术攻关等无人机巡检应用生态支撑体系，提升无人机设备智能化水平及无人机巡检作业自主化水平	中国电力科学研究院有限公司
基于前端识别跟随导线飞行自适应巡检模式技术应用与研究	目前，通过无人机开展配电网巡检存在以下问题：一是配电网环境复杂，巡检障碍物及电磁干扰对通道巡检提出较高要求；二是线路结构复杂，设备种类多样，对配电网巡检精细度要求较高；三是巡检效果受操作人员水平因素制约，巡检资源难以得到最优配置。 **解决手段** （1）基于智能芯片的配电线路识别模块，通过巡检图像的预处理、特征提取、降噪拟合等实现线路实时检测识别。 （2）将无人机高精度定位技术与视觉跟踪技术相融合，实现线路设备高清影像精准采集及超远程线路实时识别，完成无人机沿导线的自主飞行。 （3）完成智能识别模块与无人机接口研发与调试，实现硬件层面上定制化集成与软件层面上智能芯片与无人机的接口、网络接口等贯通。 **预期成果** 解决配电网前端识别应用相关问题，完善基于前端识别跟随导线飞行自适应巡检模式技术在配电网中的深度应用，形成一套可移植推广的配电网无人机跟随配电网电力线飞行识别技术、自动飞行避障技术、智能巡检无人机集成开发应用，并形成相关规范	泰州供电公司

技术名称	技术介绍	申报单位
配电网多旋翼无人机自主精细化巡检	目前，配电网无人机精细化巡检应用存在以下问题：一是自动化程度低，巡视质量和安全受制于操控人员操作水平；二是执行标准不统一、数据处理难度大，存在量大、误判、漏判，对人员作业水平和工作强度要求高。 **解决手段** （1）利用激光雷达扫描仪采集配电网高精度三维杆塔、电力线和周围场景云数据，为自主精细巡检打下高精度数据基础。 （2）基于机器学习算法计算植被与电力线的距离，快速获取树障隐患点位置信息并输出专业报告。 （3）采集线路走廊数据生成基础三维地图，通过提取空间参数，实现拍照点及航迹半自动化生成、模拟飞行及航线检校。 （4）通过建立航线模型库，批量化快速生成航迹文件，开发无人机智能飞行终端及图像自主命名归档模块。 **预期成果** （1）形成高精度数据处理和航线自动生成软件，提高无人机自主巡检航线规划效率。 （2）搭建自主飞行和数据采集系统，提高安全飞行水平及内业数据处理效率，实现配电网技术和管理的有效提升	北京数字绿土科技有限公司
无人机结合人像识别及扬声警示应用于配电网现场作业督查	配电网线路长度长且分布广，线路走廊环境复杂，且配电网施工作业大多远离路边。现场安全督查人员往往需要在多个施工点转移，耗时耗力且效率低下。 **解决手段** （1）在无人机软件中融入人像识别技术，实现无人机可变焦高像素摄像头远距离对人员进行人像识别。 （2）在无人机上加装扬声器，满足现场督察人员远程喊话进行提醒与勒令停工等实际需求，实现远距离监控施工作业现场。 **预期成果** （1）减少现场督察人员登山风险，有效提高督察效率。 （2）能够发挥更好的警示效果，对违章作业起到及时提醒作用。 （3）可拓展至多种应用场景，如防外力破坏警醒、电力宣传、山火洪水救灾等	广东电网有限责任公司肇庆封开供电局
基于5G及北斗的轻量化配电网无人机自主巡检方案	配电网架空线路巡视主要采用传统的人工巡检方式，存在巡线周期长、效率低、盲区多等问题。目前，无人机在配电网巡检应用中尚未成熟，存在路径规划成本高、环境复杂、设备体积大、协同管理困难等问题。 **解决手段** （1）构建端—边—云—网的无人机自主巡检架构，分为人机协同及全自主两种模式。 （2）研发无人机巡检移动应用，实现无人机自主巡检。 （3）基于无人机地面站装置和AI控制终端，提供边缘端保障能力。 （4）搭建自主巡检管控平台，实现远程管控和更为强大的计算能力。 （5）基于精准位置服务网和5G通信网络，提供定位和通信的网络保障。 **预期成果** 基于5G及北斗的轻量化配电网无人机自主巡检方案已开展试点应用，经测算，配电网巡检效率提升了3倍，而且有效减少了配电网人员巡视盲区	国网雄安新区供电公司、天津市普迅电力信息技术有限公司

技 术 名 称	技 术 介 绍	申报单位
配电网智能识别与诊断模型关键技术研究	大部分配电网线路存在运维效率低、智能化水平不足、人力投入大等问题。近年来，设备故障的自动识别和智能诊断应用已日趋成熟，但目前在复杂配电网线路场景下实现无人机智能巡检仍存在一定困难。 **解决手段** （1）基于 TensorFlow lite 技术或采用服务端 JPython 技术，构建智能识别模型，实现模型的在线识别与诊断。 （2）开展基于深度学习的视频分类技术研究，构建无人机视频采集信号特征库。 （3）开展基于深度学习的多目标图像检测与分析算法研究，实现在图像中准确定位关键目标的位置和类别信息。 **预期成果** 形成一整套"开箱即用"的配电网无人机智能巡检解决方案，通过设备智能感知、数据贯通、信息共享和作业移动化，实现配电网互联互通、智能服务和更高效的资源配置，有效提升供给侧服务水平，实现需求侧高质量发展	青海三新农电有限责任公司
基于无人机 P4 – RTK 建模的配电网线路交叉跨越测量	传统的测量配电网线路交叉跨越方法采用的是激光测距仪，该测量方法存在以下局限性：一是导线较细，测量结果不准确；二是需要在线路下方或附近作业，测量部分山丘地形的配电网线路较为困难。 **解决手段** （1）使用无人机 P4 – RTK 对目标线路进行数据采集。 （2）将采集后的数据进行三维建模。 （3）在模型基础上通过 LiPowerline 软件对线路进行工况分析，准确测量出线路的交叉跨越。 主要的技术创新体现在： （1）数据采集自动化。 （2）测量结果准确，误差极小。 （3）无需在线路下方作业，打破了传统测量方法的局限性。 **预期成果** 配电网线路交叉跨域测量工作不再受限于地形和人员不足的情况，可针对配电网线路的大范围开展快速、高效、精准地交叉跨越测量，为现场施工提供更具参考价值的数据支撑，适用于各省配电网作业	广东电网有限责任公司江门供电局
配电线路智慧无人机机巢自主巡检	配电线路复杂多变，纵横交错，经受自然灾害能力较弱，灾后排查范围广，难度高。虽然无人机大范围推广，但多处于手动遥感状态，自动驾驶试点应用较少。紧急情况和灾后应急基本处于传统阶段，耗时多、效率低。 **解决手段** （1）在变电站两端各设立供电无人值守机场（机巢），其内部具有充电桩、气象站和数据传输模块。 （2）建立中央控制系统，控制无人机由机巢内自动按预设航线自主巡检飞行，以及完成任务后异地（包括其他机巢）精准降落。 （3）通过中央控制系统控制机巢对无人机进行自动充电、自动传输数据，以及云端对数据自动智能分析、成果自动上传管控平台。 **预期成果** 利用人工智能识别技术（AI）自动识别巡检所采集数据中存在的缺陷、隐患，实时进行数据统计、分析、记录，主动预测预警，实现多机协同自主巡检的智能管控，为配电线路管理提供辅助决策	广东电网有限责任公司江门供电局

技术名称	技 术 介 绍	申报单位
固定翼无人机配电网大范围应急勘灾	配电网区域环境复杂，当发生地震、泥石流、山火、严重覆冰等自然灾害后，需要开展应急特巡和灾情勘察，传统的人工巡检难以满足迅速搜集输变电设施受损及环境变化等情报的需求。 **解决手段** 无人机对于灾害及事故现场侦查有着明显的优势。CW15D 大鹏无人机巡航速度高、航时长、航程远、覆盖面积大，具体如下： （1）可搭载高分辨率 30 倍光学变焦可见光 CMOS 传感器，实现远距离目标观察。 （2）可搭载非制冷焦平面热成像传感器，实现夜间目标侦测。 （3）视频画面 OSD 叠加无人机与目标坐标信息、无人机系统状态信息，辅助操纵人员实时掌握态势及拍照取证，提高现场综合决策能力。 （4）可通过目标影像特征或目标锁表锁定目标并自动追踪，以及实现对特定目标类型（例如车辆、船舶、建筑物等）识别、标注与框选。 **预期成果** 实现无人机在配电网的全域智能巡检，解决发生地震、泥石流、山火，严重覆冰等自然灾害后的应急巡检问题，快速响应、实时追踪	成都纵横大鹏无人机科技有限公司